国家自然科学基金项目(51504082、51674188、51874229)
陕西省创新人才推进计划青年科技新星项目(2018KJXX–083)
中国博士后科学基金资助项目(2015M582685)
陕西省自然科学基金项目(2015JQ5187)
陕西省教育厅基金项目(15JK1466)
陕西省引进高层次创新人才及陕西"百人计划"启动基金项目

矿山胶结充填料浆
流动特性研究

刘 浪 著

中国矿业大学出版社

China University of Mining and Technology Press

内容简介

本书全面介绍了国内外以及作者团队在矿山胶结充填流动特性研究领域的最新成果。全书分为 8 章,依据充填料浆流动的特点,以及现代采矿技术的发展趋势,分别介绍了胶结充填在地下矿山应用情况,矿山胶结充填料浆优化配比,胶结充填料浆管道流流动特性,胶结充填料浆流变特性,胶结充填料浆流变参数预测,胶结充填料浆采空区流动沉降规律等内容。本书在内容上注重理论与实践相结合,通过理论分析、物理实验和数值模拟相结合使读者迅速掌握和理解矿山胶结充填流动涉及的主要内容、原理、特点和基本方法,以期为矿山胶结充填技术提供一定的理论基础,同时为矿山充填技术提供一定的实践指导。

本书可供采矿工程和安全工程等专业研究生教学使用,也可供相关领域的科研人员学习参考。

图书在版编目(CIP)数据

矿山胶结充填料浆流动特性研究/刘浪著. —徐州:中国
矿业大学出版社,2019.6
ISBN 978 - 7 - 5646 - 3709 - 5

Ⅰ. ①矿… Ⅱ. ①刘… Ⅲ. ①矿山—胶结充填法—流
动特性—研究 Ⅳ. ①TD853.34

中国版本图书馆 CIP 数据核字(2017)第 219603 号

书　　名	矿山胶结充填料浆流动特性研究
著　　者	刘　浪
责任编辑	王美柱
出版发行	中国矿业大学出版社有限责任公司
	(江苏省徐州市解放南路　邮编 221008)
营销热线	(0516)83884103　83885105
出版服务	(0516)83995789　83884920
网　　址	http://www.cumtp.com　E-mail:cumtpvip@cumtp.com
印　　刷	江苏淮阴新华印务有限公司
开　　本	787×1092　1/16　**印张** 9.25　**字数** 249 千字
版次印次	2019 年 6 月第 1 版　2019 年 6 月第 1 次印刷
定　　价	36.00 元

(图书出现印装质量问题,本社负责调换)

前　言

传统金属矿产资源开发利用模式引发的地质灾害、环境破坏和废料排放，已经成为制约我国矿产资源可持续开发利用与矿业健康发展的重要因素。要彻底缓解资源、能源、环境的瓶颈制约，实现从资源、能源耗费型向节约型转变，必须改变先污染后治理的发展模式，大力发展以清洁生产、资源高效开采和废物循环利用为特征的绿色可持续资源开发模式。金属矿尾砂胶结充填技术是实现矿床安全清洁高效开采的重要技术载体，能够有效地控制开采区域的岩层，同时可以起到保护环境和提高矿石利用率的双重作用，使矿山开采的经济效益、社会效益与生态环境效益达到协同增长。矿山胶结充填料浆的流动特性是影响充填料浆管输、采空区流动沉降、工作性能、充填体长期强度和长期变形稳定性的关键因素，也是矿山充填材料和充填工程的重要研究课题。

本书在内容上注重理论与实践相结合，通过理论分析、物理实验和数值模拟相结合的手段，使读者迅速掌握和理解矿山胶结充填流动涉及的充填料浆管输流动特性、流变特性、采空区流动沉降规律等，以期为矿山胶结充填技术提供一定的理论基础，同时为矿山充填技术提供一定的实践指导。书中的研究内容，均来源于笔者近几年来主持的如国家自然科学基金、中国博士后基金、陕西省自然科学基金、陕西省教育厅基金等。笔者希望通过本研究，能让读者更好地理解矿山胶结充填流动特性，运用相应的工具合理准确地解决分析矿山充填过程中实际工程问题，并了解矿山胶结充填方面的学科前沿、发展趋势和研究热点。全书分为8章，主要内容包括胶结充填在地下矿山应用综述，矿山胶结充填料浆优化配比，胶结充填料浆管道流流动特性，胶结充填料浆流变特性，胶结充填料浆流变参数预测，胶结充填料浆采空区流动沉降规律等。

本书在成书过程中，参阅了大量的国内外资料，他们的研究成果给了笔者很大的启发，在此谨向有关文献的作者表示衷心的感谢！感谢西安科技大学伍永平教授、来兴平教授、黄庆享教授，中南大学陈建宏教授、李夕兵教授，西澳大学 Andy Fourie 教授,北京矿冶研究总院杨小聪教授、郭利杰教授,贵州理工学院邓代强高工等长期以来给予的帮助和指导。

　　本书在矿山胶结充填流动特性研究方面虽然取得一定的成果,但很多内容还有待于今后进一步深入研究和完善。由于作者的水平所限,书中错漏、不足之处在所难免,恳请读者批评指正!

著　者
2019 年 5 月

目　录

第1章 绪 论

随着浅部矿产资源的逐渐减少和枯竭,开发深部矿产资源是国家保证资源安全、扩展经济社会发展空间的重大需求。同时,深部矿产资源开发利用也符合《国家中长期科学和技术发展规划纲要(2006—2020年)》提出的"深空、深海、深蓝和深地"四个领域的战略要求。超大超深矿床开采技术是"深地"探索的重要领域,是向地球深部矿产资源进军必须解决的战略科技问题,也是代表现代矿业科技发展的高端。深部矿产资源开采处于高地应力、高地温、高井深、高渗透压等特殊环境,势必给深部矿床开采带来众多科学技术难题,严重制约着矿山生产安全、效率和成本等。为此,突破超大超深矿床开采关键技术,提升深部矿产资源开发和利用能力,对于"决战深部"战略至关重要。超大超深的矿床开采会使矿井下形成更多的采空区、引发更多的地质灾害、导致更多的环境破坏和固体废弃物排放,必将成为制约深部矿产资源可持续开发利用与矿业健康发展的重要因素。然而,要彻底缓解资源、能源、环境和安全的瓶颈制约,必须突破传统采矿技术屏障,大力发展以清洁生产、资源高效开采和废物循环利用为特征的绿色可持续资源开发模式——充填采矿技术,同时也是未来深部采矿方法发展的必然趋势。

1.1 研究背景与研究意义

1.1.1 研究背景

矿产资源的开发极大地促进了国民经济的发展,但矿产资源的开发不可避免地会导致矿山原有的生态环境改变:如植被破坏、废石成山、地下水下降、占用良田、河道改迁、地表塌陷、水质污染、污水排放以及大量尾矿堆放等。这些影响生态环境的诸因素在矿产资源的开发过程中即矿山生产时若不能得到妥善处理,将直接作用于矿山环境,破坏矿区生态系统,甚至将严重影响到企业的经济效益及矿山的可持续性发展规划。采矿就是将矿石从地下提取的过程,这势必会在开采过程形成采空区,进而改变地下结构的应力分布等,当采空区顶板、矿柱及围岩等不能满足采空区稳定性条件时,将引发大规模的冒顶与地表塌陷等安全事故。纵观矿山开采,关于因矿山开采诱发的地面沉陷、矿震、滑坡等地质灾害和安全事故屡见不鲜[1,2](图1-1)。据统计至2012年年底,我国共建尾矿库达到12 273座,其中在用库6 633座,在建库1 234座,已闭库2 193座,停用库2 213座(图1-2)。我国仅金属矿山的尾矿产量已达50亿t以上,而且还在以每年约5亿t的速度增加。长期以来,金属矿山的尾矿几乎都是置于地表尾矿库堆存起来。受矿山充填技术的限制,只有少量的粗颗粒分级尾砂作为充填骨料回填井下。由于尾矿直接携带超标污染物质,直接对矿区周围的环境造成污染。随着环保要求不断提高,尾矿在地表存放引起的污染问题日益突出,尾矿的排放与治理已成为困扰金属矿山发展的重大因素,甚至已成为制约一些矿山发展的瓶颈。另外,我国的大中型金属矿山大都建于二十世纪五六十年代,尾矿库库容日趋饱和,在新建尾矿库的投资和选址上是普遍性的难题,也迫切寻求处理尾矿的新途径。

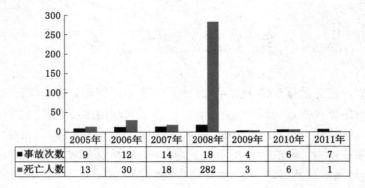

	2005年	2006年	2007年	2008年	2009年	2010年	2011年
■事故次数	9	12	14	18	4	6	7
■死亡人数	13	30	18	282	3	6	1

图 1-1　我国 2005 年至 2011 年尾矿库事故统计

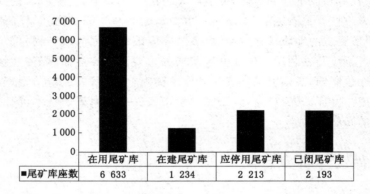

	在用尾矿库	在建尾矿库	应停用尾矿库	已闭尾矿库
■尾矿库座数	6 633	1 234	2 213	2 193

图 1-2　至 2012 年年底我国 12 273 座尾矿库使用情况统计

随着国家对安全生产及矿山环境保护要求越来越严格,充填采矿法运用越来越普遍。同时通过几十年的研究开发及生产实践,各种高效的采矿方法及装备、各种充填工艺已在不同类型的矿山得到应用,并取得了良好的技术经济及社会环境效益,国家也出台了多个政策,鼓励和引导尾砂充填采矿发展应用。2012 年 3 月 12 日,国家安全监管总局、国家发展改革委、工业和信息化部、国土资源部、环境保护部发布的《关于进一步加强尾矿库监督管理工作的指导意见》(安监总管一〔2012〕32 号)中指出,新建金属非金属地下矿山优先推行充填采矿法。2014 年国土资源部印发《矿产资源节约与综合利用鼓励、限制和淘汰技术目录(修订稿)》的通知(国土资发〔2014〕176 号)。矿山开采鼓励采用全尾砂充填工艺。2016 年5 月财政部印发《关于全面推进资源税改革的通知》(财税〔2016〕53 号),加强矿产资源税收优惠政策管理,提高资源综合利用效率。对符合条件的采用充填开采方式采出的矿产资源,资源税减征 50%。2016 年 12 月 25 日第十二届全国人民代表大会常务委员会第二十五次会议通过《中华人民共和国环境保护税法》,2018 年 1 月施行,排污费变身环境保护税,税务部门代替环保部门,尾矿排放每吨 15 元。

金属矿尾砂胶结充填技术是清洁采矿的重要组成部分,是深部地下矿床开采的最佳选择和必然发展方向,也是实现矿床安全清洁高效开采的重要技术载体。胶结充填材料的流动特性是影响充填材料工作性能、充填体长期强度和长期变形稳定性的关键因素,也是矿山充填材料和充填工程的重要研究课题。胶结充填材料的流变性质与其组分间相互作用、相形态密切相关,其流变响应可准确反映形态结构的变化,由于非均相体系的流变特性的多样性、复杂性,近年来相特性、形态、结构与流变特性的关联成为多组分充填材料研究领域的热点之一。尤其是,随着大量新型充填材料的不断出现,对于材料流变性质与功能特性(例如强度、流动性、弹性、形变和断裂特性等)相关联的研究也已引起极大关注。近年来,在国内外学者的共同努力之下,充填工艺及技术得到了长足发展,然而以往的研究太偏重于工艺而忽略了充填基础理论研究,从而导致很多问题的研究难以触及本质,严重制约着充填材料、技术和工艺的革新。究其原因:① 充填材料在充填运移过程中从流态逐渐变为固态,在固化过程中充填材料的流变特性随着时间是变化的,而现阶段利用实验室测定的充填材料剪切应力应变、黏度和坍落度来表征充填材料的流变特性,所获取的流变参数不足以指导充填系统设计;② 研究主要集中在宏观层次上,微/细观层次研究较少且尚不成熟,主要限于定性方面的研究,不能很好地揭示充填材料流变形成的物质因素、物理机制以及控制因素等问题;③ 在过去长期的研究中,对充填材料力学性能的研究多基于宏观模型,将充填材料看作均匀连续和各向同性介质,从而无法揭示充填材料内部结构、组成与宏观力学性能之间的关系,不能客观合理地解释充填体内部裂纹扩展规律及静、动态破坏物理机理。由此可知,研究矿用胶结充填材料的多尺度下流变物质基础与利用动态流变学方法来研究充填材料的流动与变形是非常有必要的。

1.1.2 研究意义

传统金属矿产资源开发利用模式引发的地质灾害、环境破坏和废料排放,已经成为制约我国矿产资源可持续开发利用与矿业健康发展的重要因素。要彻底缓解资源、能源、环境的瓶颈制约,实现从资源、能源耗费型向节约型转变,必改变先污染后治理的发展模式,大力发展以清洁生产、资源高效开采和废物循环利用为特征的绿色可持续资源开发模式。胶结充填技术是突破传统充填技术屏障、实现矿床安全清洁高效开采的重要技术载体,能够有效地控制开采区域的岩层,同时可以起到保护环境和提高矿石利用率的双重作用。因此,开发尾矿高强度胶结充填技术,将全部尾矿回填井下,能够有效解决地表沉陷问题,同时还实现尾矿零排放目标,解决矿山尾矿库库容不足,减少和消除尾矿在地表存放对环境的污染。全尾砂胶结充填技术,是实现采矿工业安全生产与环境协调发展的最可靠的技术支持,不仅增加了矿石提升能力,为矿山的扩产增效创造条件,而且减少了地表尾砂排放压力,有利于环境保护,促进矿山节能减排工作的开展,使矿山开采的经济效益、社会效益与生态环境效益达到协同增长。胶结充填技术不仅是众多矿山急需要解决的技术难题,同时也是国内外绝大部分金属矿山普遍存在的问题,是国内金属矿山的普遍需求,市场需求前景十分广阔。

通过本研究,可以为胶结充填技术提供一些基础研究,同时为矿山充填提供实践指导。本书主要针对胶结充填料浆的最优配比、流变特性,以及胶结充填料浆在采空区流动沉积特点等胶结充填关键技术展开研究。首先根据胶结充填料浆构成原理及充填料浆可泵性与流动性要求,将正交实验设计、均匀设计和配方设计引入到胶结充填料浆配比优选中,通过实验来寻找胶结充填料浆在改变配比情况下的变化规律,并通过对变化规律的研究来实验提高胶结充填料浆的流动性与强度。其次,胶结充填料浆的流动性在胶结充填料浆输送与采空区流动沉积等至关重要,而胶结充填料浆流变参数是测定胶结充填料浆流动性的主要指标。从坍落度的角度来研究胶结充填料浆流变特性,理论与实验相结合,验证坍落度与胶结充填料浆屈服应力和黏度的相关性,并得出相关理论模型,以期为矿山采用该项技术及合理选择充填参数提供依据,同时为矿山提供一个简单、易于现场应用的屈服应力的测量方法;同时引入组合数学模型,利用主成分与神经网络相结合的方式预测胶结充填料浆的流变参数,采用主成分分析法对输入数据预处理,减少网络输入因子数,同时使输入因子彼此不相关,并且数据包括的主要信息还保留在主成分中。简化了网络结构,提高了网络学习速度,得到了较高的精度,大大提高了建模质量。最后,由于胶结充填料浆属于固、液、气多相、多场流体,在充填力学、流体力学、沉积学和润滑学的研究基础上,系统地对胶结充填料浆在采空区的流动沉积速度、几何结构、沉积特征等进行研究,并从运动力学的角度定量描述胶结充填料浆的流动沉积规律及机理等。同时,应用相似理论原理,设计实验设备尺寸,构建相关实验平台,研究胶结充填料浆在采空区流动沉积现象,并总结了胶结充填料浆沉积过程中的不均匀性等沉积特点。

本研究属于《国家中长期科学和技术发展规划纲要》水和矿产资源重点领域中矿产资源高效开发利用,环境重点领域中综合治污与废弃物循环利用、工业清洁生产等多领域主题;同时符合《国家"十三五"科学和技术发展规划》中建立支撑可持续发展的能源资源环境技术体系、发展资源高效勘探开发、清洁高效利用技术,推动矿产资源绿色可持续开发等要求;满足国务院《国家环境保护"十三五"规划》的推进固体废物安全处理处置、矿产资源集约化清洁利用等国家环境战略发展的需求。

1.2 研究现状及存在问题

1.2.1 胶结充填料浆配比优化研究

充填材料和充填技术参数是决定充填料浆质量的根本因素[3,4]。充填料浆的材料配比取决于采矿工艺对充填料浆的要求、可供选择的充填材料、料浆的流动特性和充填体强度等[4]。常用的充填材料设计研究方法有三种:① 正交实验设计[5,6],由日本著名的统计学家田口玄一提出,是研究多因素多水平的一种设计方法,其基本特点是用部分试验来代替全面试验,通过对部分实验结果的分析,了解全面实验的情况。正交实验设计是析因设计的主要方法,具有能以较少实验次数获得较优效果及事半功倍的优点,因而也是最常用的实验设计方法。从 20 世纪 50 年代以来,逐渐在我国的工农业生产、科研、管理等各个领域被广泛使用,吴刚等[6]用正交实验法对胶结充填体参数设计,通过对实验结果的极差分析和直观分析得到了优选配比。② 均匀实验设计[7-10],由我国数学家王元和方开泰于 1978 年提出,该设计考虑如何将设计点均匀地散布在实验范围内,它可保证实验点具有均匀分布的统计特性,可使每个因素的每个水平做一次且仅做一次实验,即能用较少的实验点获得最多的信息。宓永宁等[9]和胡小勇等[10]采用均匀实验设计分别对混凝土和充填料浆的配比进行了优化研究,并得到了最优配比。③ 配方实验设计[11,12],是一种特殊的混料实验设计应用,由 H. Scheffe提出单纯形格子设计后,混料设计的理论和应用都有了很大的发展。杨超等[12]

用该方法进行实验,并建立了水泥-钢渣-矿渣三元胶凝体系的强度与各组分含量之间的数学拟合模型,得到优化配比。以上三种方法可以在相变充填材料实验设计中采用。

董士光[13]以粉煤灰、石灰、水泥、石膏、添加剂等材料混合,在"粉煤灰-石灰-水"体系下进行原材料配比实验,确定主要原料最佳配比,使抗压强度等指标达到最佳;并在配比优化前提下,对试件抗热、抗冻、膨胀以及抗水渗透等性能进行研究。孙琦[14]以煤矸石、粉煤灰、尾砂和水泥为原料,采用正交实验进行配比设计,并测试了不同配比胶结充填材料的坍落度、强度和弹性模量,基于实验数据进行极差分析,探讨质量分数、水胶比、砂率和粉煤灰用量对胶结充填材料性能的影响,确定了最优配比。杜明泽[15]在对组成粉煤灰充填材料的原材料特性测试和优化配比实验基础上,选取 5 种配比材料,对其早龄期的体积电阻率、溶液电阻率、水化产物、孔隙率、单轴抗压强度和弹性模量等的变化规律进行测试,并对其相关性和水化过程进行分析。徐文彬[16]通过开展不同灰砂比、料浆浓度和养护龄期条件下的胶结充填体内部微观结构演化及其强度模型实验,研究水化反应产物类型及形态对充填体强度发展规律的影响。董培鑫[17]针对冶金工业水淬渣、钢渣、脱硫灰渣以及生石灰水泥熟料和外加剂等激发剂材料,进行嗣后充填法开采替代水泥的全尾砂充填胶凝材料实验,探讨了不同类型激发剂及不同掺量对钢渣活性的激发效果,研究了水泥熟料掺量、钢渣掺量对全尾砂胶凝材料性能的影响。李欣[18]从某铁矿全尾砂充填料物化性能入手,对充填料浆扩散度、坍落度和充填试块 7 d、28 d 和 60 d 的单轴抗压强度进行实验,获得充填料浆配比与流变性能和抗压强度的关系。Howladar[19]采用冲积砂、电厂粉煤灰、尾矿和水泥为充填材料,在不同配比时,实验测试充填体抗压强度、抗剪强度,并进行渗透性分析,得到充填材料最优配比。Deng[20]介绍了某超细尾矿胶结充填工艺的实践,针对超细尾矿特殊性质及开采条件,进行尾矿化学成分分析、尾矿浆沉降性能测试、充填料浆流入采空区后胶结充填体强度测试等。Khaldoun[21]提出一个表示回填废料组分特征的公式,通过胶结充填技术进行验证,指出改善尾矿、胶凝剂和水混合物的配比,可以确保充填所需的机械强度。Bouzalakos[22]提出一种混料设计和响应面设计法来优化低强度充填材料的配比参数,同时尽量减少水泥用量,增加粉煤灰、尾矿用量,是优化水泥基料浆配比的重要工具。

1.2.2　胶结充填料浆流变特性研究

充填管道系统是矿山充填作业的瓶颈,深部开采所要求的充填能力和料浆浓度的提高,对充填料浆管道输送效率和可靠性提出了更高的要求。充填料浆的流变性质与其组分间相互作用、相形态密切相关,其流变响应可准确反映形态结构的变化,由于非均相体系的流变行为的多样性、复杂性,近年来,相行为、形态、结构与流变行为的关联成为多组分充填料浆研究领域的热点之一。

董慧珍[23]实验研究了充填材料浓度,粉煤灰、细粒级煤矸石以及水泥含量对充填料浆流变特性的影响,以及不同浓度下粉煤灰、细粒级煤矸石以及水泥含量对浆体可泵送性能的影响,并针对浆体管输特性进行了相似模拟。夏德胜[24]对铁矿尾砂进行水泥与新型胶结材料流变特性的实验对比分析,揭示了不同浓度砂浆流变特性随胶砂比的变化规律。张钦礼[25]利用 Fluent 软件对料浆管输过程进行模拟,并分析了以煤矸石为主要骨料的似充填料浆利用管道自流输送的可行性。王怀勇[26]针对某铅锌矿全尾砂具有含硫高、粒度极细的特点,进行了全尾砂充填料浆配比实验和输送特性测试。张修香[27]对废石破碎集料、酸浸尾砂、粗砂的粒度及级配进行分析,经过配比实验及理论计算确定出最优配比范围,同时对最优配比组进行坍落度、倒坍落度实验;通过流变实验与分析,提出新的流变模型,通过双因素分析及图解分别将水泥添加量和质量浓度对黏度和屈服应力的影响做了定性与定量分析。张亮[28]实验测得高浓度料浆的流变参数,采用 ANSYS 软件对料浆在管道中的流动进行数值模拟,根据模拟结果,对矿山充填系统设计中物料配比参数、管道尺寸参数等进行优化。张亮[29]实验测得不同组别料浆剪切率-剪切应力流变曲线图,求得料浆相应黏度系数和动态屈服应力,再根据浆体沿程阻力计算公式分别计算出不同流量料浆在不同管径输送时的沿程阻力损失。罗涛[30]为实现高浓度全尾砂充填料浆的自流稳定输送,应用国际最先进高精 R/S+SST 软固体测试仪对其进行流变特性实验及管道输送损失研究。刘晓辉[31]以充填料浆内部结构为切入点,围绕物料性质、料浆结构、流变行为以及管流阻力的相互关联作用展开了实验研究和理论分析,实现了充填料浆管内流动阻力的精确计算。吴爱祥[32]基于结构动力学理论,结合宾汉流体模型,探讨胶结充填料浆管道输送阻力特性的变化规律,并通过某铅锌矿胶结充填料浆的泵送环管实验数据对结论进行验证。

充填料浆的流变特性与其组分间相互作用、相形态密切相关,直接影响制备工艺、管输稳定性与阻力大小等,其关键技术参数是黏度和屈服应力。国内,流变特性的主要研究对象多为全尾砂的充填料浆、似充填料浆或粉煤灰,近年来开始有对废石、尾砂高浓度充填料浆的研究。刘同有[33]对金川全尾砂胶结充填料浆进行研究得出料浆的流变特征属于 Hershel-Bulkley 模型,屈服应力和黏度值因物料性质、粒度组成和浓度等因素的变化而有较大的差别;胡华[34]对似充填料浆流变因素进行研究,得到影响程度由主到次的顺序为:料浆浓度—细粒级含量—胶凝材料含量—料浆温度;蔡嗣经等[35]采用 Bingham 模型对白象山铁矿全尾砂充填料浆的流变特性进行描述,并采用 COMSOL 软件对影响充填料浆流变特性的水泥水化作用、灰砂比、水灰比、温度等主要因素进行了模拟研究;刘浪[36]对胶结充填料浆组分在流动特性上的影响开展了研究,表明增加棒磨砂有助于充填料浆流动,增加水泥既有利于充填料浆固结,增加胶结充填料浆的强度,又利于降低水力坡度,减小输送阻力损失;Zhang Qinli[37]对充填料浆在管内的输送特性展开了研究,得到了水力坡度计算模型。国外学者对该问题进行了广泛的研究,尤其是对屈服应力和黏度的影响因素及计算模型开展研究较多。N. J. Balmforth[38]的研究表明,颗粒浓度与温度影响屈服应力与黏度;D. Simon[39]通过实验证实高浓度尾砂胶结充填体的屈服应力对水分、胶结剂含量、水化阶段和 pH 及化学添加剂比较敏感;P. K. Senapati[40]对颗粒不规则且为非牛顿流体的浆体进行研究,提出了黏度-流变参数模型;Bonifacio Alejo[41]基于水介质中颗粒系统的自由度提出了适合石英纸浆和铜尾矿悬净液的屈服应力-流变参数模型。在充填实践中,测量流变参数的主要方法有使用黏度仪、利用 L 管、使用坍落度、使用环形管。黄玉诚、孙恒虎等[42]采用 NXS-11A 型旋转式黏度计对尾砂作骨料的似胶结充填料浆进行了实验,得到了相应的流变关系曲线;陈琴瑞等[43]用 L 管测定充填料浆水力坡度,结果表明 L 管测定只适用于均质流和柱塞流形式的充填料浆/浆体;J. Murata[44]最早提出坍落度与流变参数的关系,采用测定坍落度的方式来衡量充填料浆的流变特性是最常见的方法;环管实验是通过测定管输阻力值计算流变参数,多用于指导工程实践,但成本较大。

1.2.3 胶结充填料浆流动沉降研究

关于胶结充填料浆流动沉降方面的研究,主要源自泥沙固液两相流的流动沉降。查阅关于胶结充填料浆在采空区流动沉降方面的研究发现非常缺乏,借鉴沉降学和泥沙学的相关研究方法与理论,在充填力学、流体力学、沉降学和润滑学的研究基础上,系统地对胶结充填料浆在采空区的流动沉降速度、几何结构、沉降特征等进行研究,并从运动力学的角度定量描述胶结充填料浆的流动沉降规律及机理等。Pullum 等(2006)对充填料浆的流动行为进行实验研究;Simms 等(2007)对非牛顿泥浆流动沉降规律进行研究,并对沉降的几何结构进行分析。同时,也有学者提出基于润滑理论建立胶结充填料浆沉降模型,胶结充填料浆从充填管口排出,在采空区沉降流动。对于高浓度胶结充填料浆的沉降几何结构的研究,国内外学者假定流动浆体流速和雷诺数较小,构建基于润滑理论非牛顿体料浆沉降几何结构模型。中南大学王新民教授等研究得出,在无限水平面上充填料浆流动规律呈正态分布。由于胶结充填料浆属于固、液、气多相、多场流体,关于胶结充填料浆的流动沉降研究非常复杂。胶结充填料浆在采空区流动沉降方面的研究非常缺乏,而胶结充填料浆在采空区的流动沉降效果直接影响充填体质量,进而影响充填体支护效果及采空区安全,所以研究胶结充填料浆在采空区的流动与沉降非常有必要。

(1)基于润滑理论胶结充填料浆沉降结构

胶结充填料浆从充填管口排出,在采空区沉降流动。对于高浓度胶结充填料浆的沉降几何结构的研究,国内外学者在基本假设基础上,构建基于润滑理论非牛顿体料浆沉降几何结构模型[45](图 1-3)。假设:① 胶结充填料浆在水平方向流动,厚度变化范围不大;② 胶结充填料浆流速与雷诺数较小,故可以忽略动量方程中惯性与黏性力。

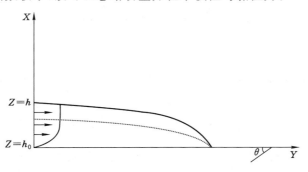

图 1-3 基于润滑理论胶结充填料浆坡面沉降结构

(2)无限水平面上胶结充填料浆流动规律

中南大学王新民教授等研究得出,在无限水平面上充填料浆流动规律呈正态分布,如图 1-4 所示。当胶结充填料浆从管口排出时,在无限水平面上沉降成锥状体,并且顶部出现凹槽,在充填料浆进入采空区过程中,逐渐向两边扩散,并且浓度逐渐降低。

(3)胶结充填料浆流动沉降及分层规律

胶结充填料浆是一种不稳定的悬浮体系,其颗粒极易在水溶液中沉淀分层,而胶结充填料浆比一般的充填料浆更为稳定。当胶结充填料浆进入采空区,充填料浆中的颗粒将发生沉淀分层,使浆液的均匀性降低,颗粒沉降后使浆体底部的密度变为最大,上部最小;由于浆体向远处冲刷,使得远处的细颗粒比近处的多。从尺寸效应出发,浆材颗粒的细度越高,渗入能力就越强。但细度越高,其比表面积也越大,在相同时间内颗粒的水化程度和絮凝程度就越快,从而导致浆液变稠,黏度增加。这就说明,颗粒细度将导致相对矛盾的两种效果,如

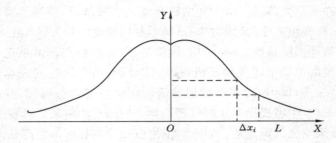

图 1-4 胶结充填料浆在无限平面上流动规律

果处理不当,对渗入能力和充填效果将造成不利的影响。胶结充填料浆进入采空区其分层机理主要体现在:① 在充填端口由于充填料浆冲刷会形成一个凹槽,并且在充填过程中形成一个锥形构筑物;② 粗颗粒比细颗粒沉降快,故靠近充填端口粗颗粒较多,细颗粒随浆体的移动向远端移动沉降;③ 新注入浆体按照第②规律沿着已沉降充填料浆坡面流动沉降;④ 在充填过程中,沉降水在采空区远端聚集,并在远端排出。如图 1-5 所示。

图 1-5 胶结充填料浆流动沉降及分层规律

1.3 主要研究内容与方法

1.3.1 研究内容

本研究主要结合实验与数值计算方法,对胶结充填料浆流变参数测定、流动沉降特点进行研究,以及提出测定高浓度充填料浆坍落度的实验方案及理论模型,创建基于相似理论的水槽实验平台,并系统分析了胶结充填料浆配比优选方法等。为研究胶结充填技术提供一定的理论基础和实践指导。本书主要研究内容主要有以下几方面:

(1) 系统地概述了胶结充填在地下矿山的设计和应用。确定胶结充填时的极限强度和压力,必须根据采场的几何形状参数和初始地应力条件来确定。为了满足这些条件,胶结充填混合设计的实验室优化是必不可少的,以确定最佳的混合配比,达到要求的极限强度。此外,在开展回采充填工作之前,必须确定充填材料的流变特性,选择胶结充填行为的流变模型(宾厄姆或假塑性)和必要的参数:屈服应力和塑料黏度。

(2) 从坍落度的角度来研究胶结充填料浆流变特性,理论与实验相结合,验证坍落度与充填料浆屈服应力和黏度的相关性,并得出相关理论模型。结果表明:柱形坍落度实验与模型较锥形坍落度实验与模型更能准确测试与提供胶结充填料浆的屈服应力;柱形坍落度模型在数学公式表现形式上,比锥形坍落度模型更为简单,这个特点对于一些数学基础较弱的操作者尤为重要;由于锥形坍落筒几何结构较圆柱坍落筒更为复杂,做坍落度实验时难于填料,并且会在填料过程中形成许多气泡,这将势必影响坍落度实验结果;柱形坍落筒的设计与制备比圆锥坍落筒更为简单,取材方便,圆柱坍落筒可以选择一个任意的圆柱空心管,而圆锥坍落筒必须是按照一定的尺寸设计加工完成。

(3)采用主成分分析法与 BP 网络相结合的方式进行胶结充填料浆流变参数预测,避免了由于 BP 网络输入数据相关使得输出数据精度下降的弊端;同时消除了由于 BP 网络输入数据过多而影响数据处理速度的缺陷。经过归一化处理和规则化调整的 BP 神经网络模型收敛速度快,不仅对于训练样本空间,且对于训练样本外的样本模式,该网络模型都具有较高的辨识精度,有良好的网络泛化性能,预测精度高。结果表明:经过主成分提取后的 BP 预测值与期望输出值之间的误差都控制在 5% 以内;同时,与未经主成分提取的 BP 神经网络模型相比,基于 PCA-BP 神经网络模型的预测精度和计算效率都有了很大的提高。

(4)将正交实验设计、均匀实验设计和配方实验设计引入胶结充填料浆材料配比优选中。正交实验设计具有"均衡分散,综合可比"的两大特点,综合比较胶结充填料浆灰砂比、料浆浓度、重度等对充填料浆流动性及强度的影响程度。根据胶结充填料浆配比影响因素,并设定以充填体强度为目标,建立基于均匀实验设计的配比优选方法,最终获得回归方程,通过实验和模型对比,发现基本吻合。配方实验设计首先根据胶结充填料浆流动性及强度要求,对模型设置上限与下限,并根据配方设计表指导实验,根据实验数据建立回归方程,并获取模型中影响因素和目标之间内在关系。结果表明:根据可供选择的充填材料、采矿工艺对胶结充填料浆的要求不同,以及实验目的的差异,可以依据实验特点选择最优的胶结充填料浆配比方案,且较传统的经验法更合理。

(5)根据润滑理论与沉降理论,构建胶结充填料浆流动沉降几何结构模型,通过实验发现胶结充填料浆表面高度预测值和实测值基本吻合。同时也说明,所得预测模型可以用于构建充填料浆在采空区流动几何结构,进而指导充填实践,确保充填体与采空区有效接顶,保证采空区的安全性;构建基于相似理论的胶结充填料浆流动沉降实验平台(水槽实验),在具体矿山采空区尺寸基础上,根据相似理论设计水槽尺寸,并通过两级搅拌的方式确保充填料浆的均匀性,同时也提高实验的可行性与准确性。实验表明:沿胶结充填料浆流动沉降方向,表现出较强的粒径、强度不均匀性。关于粒径分布,发现沿着流动方向逐渐降低,其主要是由于水泥、细颗粒离析等作用导致;关于强度分布,随着水泥含量的增加,离析现象愈加明显,导致充填料浆在流动方向表现出较大的不均匀性。

1.3.2 研究方法

以充填采矿理论、现代金属矿床开采理论、岩石力学、流体力学、泥沙运动学、沉降学、润滑力学等理论为基础,综合采用工程地质调查、室内力学实验、数值模拟与反演和相似物理模型等研究方法和技术手段,针对胶结充填的理论与技术特性,从胶结充填料浆的流变行为入手,构建基于流体力学、坍落度的胶结充填料浆流变模型;应用胶结充填料浆运动力学,建立胶结充填料浆流动沉降的相似物理模型,从胶结充填料浆进入采空区对其分层、沉降、运动等规律展开分析,结合典型矿山结构建立相应的理论模型;同时,设计和建立集实验、数据采集、监测、反馈和显示于一体的胶结充填料浆流动沉降特性实验平台,并通过数值仿真与物理模型实验结果进行对比,通过反演的方式获取矿山胶结充填工艺设计过程中的参数,指导矿石胶结充填实践。最终实现矿山安全高效的绿色清洁开采理论与工程应用研究的结合。

（1）采用流变学实验、相似物理模型实验与工程现场宏观实验相结合的多尺度耦合模型研究。本研究从胶结充填料浆的特性出发，通过分析胶结充填料浆的流变行为，结合相似物理模型实验推导胶结充填料浆流动沉降规律及工程响应的非线性力学机理，建立胶结充填料浆运动力学模型，为矿山胶结充填的模拟和研究奠定了理论基础。并通过相似物理模型实验和工程宏观现场监测数据的拟合，实现细观机理和宏观现象的多尺度耦合研究统一。

（2）理论分析、实证研究与系统仿真模拟的协同研究。在本研究过程中，采用理论分析（宏观-微观胶结充填料浆流变行为本构关系模型、胶结充填料浆运动力学模型、胶结充填料浆流动沉降机理等）建立了胶结充填开采的非线性力学理论基础；并通过在矿山现场的工程实践和监测数据的反演与分析，确定采空区胶结充填的工程响应规律与充填效果，在理论和现场实证中运用系统仿真模拟实现理论模型和宏观现象间的协同，进而完成本研究的理论、模拟和实证研究的协同。

（3）定量与定性分析、非线性分析与确定性分析的辩证研究。对矿山采空区充填接顶效果开展确定性的定量研究，其胶结充填料浆的流变行为、流动沉降规律等采用非线性的数据工具进行定量研究。在实证与模型实验研究中，对力学行为的表征采用定量的确定性研究，对胶结充填料浆的流动沉降规律从定性的非线性规律探讨其本质的变化。

如图 1-6 所示。

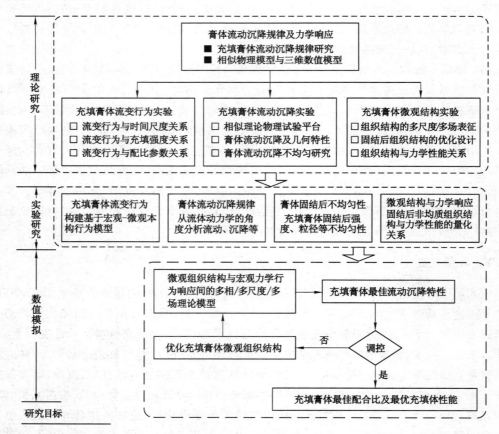

图 1-6　技术路线与实现路径关联图

1.4 研究目标与创新点

1.4.1 研究目标

胶结充填作为突破传统充填技术屏障、实现矿床安全清洁高效开采的重要技术载体，其料浆的流变行为、运动力学及流动沉降规律等成为研究高浓度胶结充填技术的理论基础。本研究在借鉴流体力学、泥沙运动学、沉降学、润滑力学等研究成果基础上，构建基于流体力学、坍落度的胶结充填料浆流变模型，探讨胶结充填料浆流变行为与充填效果、配比参数及时间尺度的相关性；以固-液两相流理论为基础，定量地描述胶结充填料浆的流动速度、沉降几何结构、充填体不均匀性等，并构建胶结充填料浆运动力学模型，为研究胶结充填料浆流动沉降规律及接顶效果评价提供理论基础；设计集实验、数据采集、监测、反馈和显示于一体的胶结充填料浆流动沉降特性实验平台，直观地反映胶结充填料浆在流动沉降过程中的流动特性、分层特征及沉降规律等，进而研究充填体的形成机理及其不均匀特性（粒度分布、强度、水泥含量分布等）。通过本研究，可以为胶结充填系统设计提供一定的理论指导。

1.4.2 创新点

特色和创新之一：矿山胶结充填技术与流体动力学模型、物理实验模型和数值模型的耦合，构建能够反映采空区内胶结充填料浆流动沉降规律的理论和数值模型，为矿山胶结充填基础理论研究提供一种新的技术方法和思路。由于现场实验成本高，实验环境难于控制，需要耗费大量的人力和物力，实验不方便；数值模拟，必须建立在完备理论模型基础上，而胶结充填料浆的流动沉降方面的研究甚少，故不适于应用数值模拟的方式对胶结充填料浆流动沉降进行模拟。针对以上存在问题，本研究采用矿山胶结充填技术与物理实验模型、数值模型耦合的方式，为矿山胶结充填料浆的研究提供一种成本低、符合矿山实际、便携及易于控制的研究方法。

特色和创新之二：矿山胶结充填料浆流动规律表现出的非线性流变行为的仿真，利用高浓度流体动力学、流变学和现代离散元数值模拟理论，从数值、实验和模型实验等开展矿山胶结充填料浆流动规律表现出的非线性力学行为和工程响应规律研究，实现微观、宏观以及工程尺度的多尺度仿真，构建采空区胶结充填中存在的非线性机理模型，为进一步研究胶结充填料浆流动沉降规律、流变行为学、充填体接顶和充填强度等提供理论基础，是一种技术理论的基础和应用创新。

特色和创新之三：以胶结充填材料流变结构及流变机理为研究对象，从流体力学、坍落度实验的角度研究胶结充填材料的流变特性，建立准确反映胶结充填材料流变特性的本构关系模型；借鉴流体力学、泥沙运动学、沉降学、润滑力学等相关研究成果，以固-液两相流理论为基础，从力学角度出发，定量地描述胶结充填材料的流动速度、沉降几何结构和充填体不均匀性等运动及沉降机理，并构建相应的数学与物理模型。

参 考 文 献

[1] 周爱民.基于工业生态学的矿山充填模式与技术[D].长沙:中南大学,2004.

[2] 钱庆伟.塌陷区新型立井井壁结构与受力机理研究[D].合肥:安徽理工大学,2006.

[3] 刘志祥,李夕兵.尾砂级配的混沌优化[J].中南大学学报:自然科学版,2005,36(4):683-688.

[4] 冯光明,丁玉,朱红菊,等.矿用超高水充填材料及其结构的实验研究[J].中国矿业大学学报,2010,39(6):813-819.

[5] 胡尊杰,李明,苗强,等.充填料浆的配比试验研究[J].金属矿山,2012(2):45-48.

[6] 吴刚,张义平,曾照凯.正交试验法优化胶结充填体强度参数设计[J].矿业工程,2010,6(8):24-26.

[7] 方开泰,马长兴.正交与均匀试验设计[M].北京:科学出版社,2001.

[8] 方开泰.均匀设计与均匀设计表[M].北京:科学出版社,1994.

[9] 宓永宁,梁雪坷,张树伟.基于均匀试验的多孔混凝土的配比研究[J].中国农村水利水电,2010(1):90-92.

[10] 胡小勇,刘浪,李广辉,等.基于均匀试验的矿山充填料浆配比优化研究[J].矿业研究与开发,2015(3):7-12.

[11] 韩汉鹏.试验统计与引论[M].北京:中国林业出版社,2006.

[12] 杨超,卢都友,许仲梓,等.基于混料试验设计的水泥—钢渣—矿渣三元胶凝体系的配比优化[J].硅酸盐通报,2015,34(8):2107-2112.

[13] 董士光.矿用充填材料制备技术与性能研究[D].淄博:山东理工大学,2015.

[14] 孙琦,张向东,张淑坤.矿山固体废弃物制备高强度充填料浆充填材料的实验研究[J].非金属矿,2015,38(1):42-44.

[15] 杜明泽.粉煤灰充填材料早龄期物理力学特性及其水化过程分析[D].太原:太原理工大学,2015.

[16] 徐文彬,潘卫东,丁明龙.胶结充填体内部微观结构演化及其长期强度模型试验[J].中南大学学报,2015,46(6):2333-2341.

[17] 董培鑫,宋仁峰,高谦.利用钢渣微粉开发鞍钢矿山全尾砂充填胶凝材料研究[J].矿业研究与开发,2016,36(1):38-41.

[18] 李欣,郭利杰,许文远.某铁矿全尾砂胶结充填材料配比试验研究[J].中国矿业,2016,25(2):294-298.

[19] Farhad Howladar M,Mostafijul Karim M D. The selection of backfill materials for Barapukuria underground coalmine,Dinajpur,Bangladesh:insight from the assessments of engineering properties of some selective materials[J]. Environmental Earth Sciences,2015,73(10):6153-6165.

[20] Deng D Q,Liu L,Yao Z L,et al. A practice of ultra-fine tailings disposal as filling material in a gold mine[J]. Journal of Environmental Management,2017,196(1):100-109.

［21］ Abdelhadi Khaldoun,Latifa Ouadif,Khadija Baba,et. al. Valorization of mining waste andtailings through paste backfilling solution,Imiter operation,Morocco［J］. International Journal of Mining Science and Technology,2016,26(3)：511-516.

［22］ Bouzalakos S,Dudeney A W L,Chan B K C. Formulating and optimising the compressive strength of controlled low-strength materials containing mine tailings by mixture design and response surface methods［J］. Minerals Engineering,2013,53(1)：48-56.

［23］ 董慧珍. 采空区充填料浆及其管道输送特性试验研究［D］. 太原：太原理工大学,2013.

［24］ 夏德胜,高谦,南世卿. 充填采矿新型胶结材料流变特性研究［J］. 中国矿业,2013,22(1):108-111.

［25］ 张钦礼,谢盛青,郑晶晶,等. 充填料浆沉降规律研究及输送可行性分析［J］. 重庆大学学报,2011,34(1):105-109.

［26］ 王怀勇,张爱民,贺茂坤. 高硫极细全尾砂充填料配比及输送特性试验研究［J］. 中国矿山工程,2014,43(6):1-4.

［27］ 张修香. 高浓度充填料浆流变模型研究［D］. 昆明：昆明理工大学,2013.

［28］ 张亮,罗涛,许杨东,等. 高浓度充填料浆流变特性及其管道输送模拟优化研究［J］. 矿业研究与开发,2016,36(4):36-41.

［29］ 张亮,罗涛,朱志成,等. 高浓度充填料浆流变特性及其管道输送阻力损失研究［J］. 中国矿业,2014,23(2):301-304.

［30］ 罗涛,张亮,姜亮亮,等. 高浓度全尾砂料浆流变特性参数试验及管道输送研究［J］. 有色金属科学与工程,2015,6(4):86-90.

［31］ 刘晓辉. 充填料浆流变行为及其管流阻力特性研究［D］. 北京：北京科技大学,2014.

［32］ 吴爱祥,刘晓辉,王洪江,等. 结构流充填料浆管道输送阻力特性［J］. 2014,45(12):4325-4330.

［33］ 刘同有. 金川全尾砂充填料浆物料流变特性的研究［J］. 中国矿业,2001,10(1):14-20.

［34］ 胡华,孙恒虎,黄玉诚,等. 似充填料浆粘弹塑性流变模型与流变方程研究［J］. 中国矿业大学学报,2003,32(2):119-121.

［35］ 蔡嗣经,黄刚,吴迪,等. 白象山铁矿全尾砂料浆充填的流变力学特性研究［J］. 采矿技术,2013,13(3):17-19.

［36］ 刘浪. 矿山充填充填料浆配比优化与流动特性研究［D］. 长沙：中南大学,2013.

［37］ Zhang Qinli,Hu Guanyu,Wang Xinmin,et al. Hydraulic calculation of gravity transportation pipeline system for backfill alurry［J］. Journal of central south university of technology,2008,15(5):645-649.

［38］ Balmforth N J,Craster R V. Geomorphological Fluid Mechanics［M］. Berlin Heidelberg：Springer-Verlag,2001.

［39］ Dragana Simon,Murray Grabinsky. Apparent yield stress measurement in cemented paste backfill［J］. International Journal of Mining,Reclamation and Environment,2012(5):1-26.

［40］ Senapati P K,Mishra B K,Parida A. Modeling of viscosity for power plant ash slurry at higher concentrations：Effect of solids volume fraction，particle size and hydrody-namic interactions［J］. Powder technology，2010，197(7)：1-8.

［41］Bonifacio Alejo，Arturo Barrientors. Model for yield stress of quartz pulps and copper tailings［J］. Intenational Journal of mining processing，2009，93(3-4)：213-219.

［42］黄玉诚，孙恒虎. 尾砂作骨料的似膏体料浆流变特性实验研究［J］. 金属矿山，2003 (324)：8-11.

［43］陈琴瑞，王洪江，吴爱祥，等. 用 L 管测定膏体料浆水力坡度试验研究［J］. 武汉理工大学学报，2011，33(1)：108-111.

［44］Murata J. Flow and deformation of fresh concrete［J］. Materiaux et Constructions，1984，17(98)：117-129.

［45］王广谦. 固液两相流的运动理论与实验研究［D］. 北京：清华大学，1989.

第 2 章　胶结充填在地下矿山应用综述

2.1　引　　言

尾砂胶结充填技术在矿山的应用,有效地解决了矿山地压问题,可提高矿石回收率、减少尾矿地表堆存,极大地促进了尾矿综合处置与充填采矿技术的发展。但随着这项技术的广泛应用,也暴露出一系列的突出问题:充填体强度低、养护周期长、充填效率低、井下脱水污染环境、尾砂利用率低、充填成本高等。而胶结充填具有料浆输送浓度高、料浆输送稳定、充填成本低、有效克服管道输送胶结充填缺陷等优点。因此,胶结充填技术在矿山充填中得到了广泛的应用。

胶结充填技术是地下采空区处理的重要方法之一[1,2],在地下矿山的设计与应用中,为矿工提供安全的作业环境及平稳的作业平台,为矿柱和矿壁提供支撑来防止崩塌和冒顶,同时通过减少采空区暴露面积为相邻的采场提供保护,提高矿柱回收率,进而提高矿山生产力;胶结充填能提供一个非常灵活的系统来应对矿体在长、宽、高方面变化的几何特性;矿房充填后的应力拱可以减少矿体内的垂直应力,加强矿体内的水平应力分布;而胶结充填所需的单轴抗压强度取决于它的用途,如用于竖直顶板支护、充填体内的巷道开拓、矿柱回收、地面或矿柱支撑及工作平台支护,可以采用单轴抗压强度建立应用模型;根据胶结充填料浆流动性与强度对充填料浆配比进行优化设计,在保证充填料浆流动与强度的情况下,尽量降低水泥的使用量;胶结充填料的输送控制因素是它的流变特性,主要包括剪切屈服应力和黏度;并且其力学性能主要受到自重固结沉降、拱效应、采场空间、与壁面黏合等影响。

2.2　胶结充填力学模型

充填体自重是充填体设计的关键影响因素,采空区中充填体的抗压强度等于上覆岩层作用于充填体的应力大小。然而,由于充填后相邻岩壁通过边界剪切和拱效应,使得一部分应力在水平方向分解(主要来自充填体与岩壁的摩擦或者黏结),导致采场底部在垂直方向应力小于充填体抗压强度。在充填力学设计过程中,必须考虑到充填强度沿水平方向向采空区岩壁分解,受充填拱效应的影响,以下介绍五种应力分析求解方法来计算在充填体与岩壁结合处的凝聚力和沿着边墙的滑动摩擦力所导致的水平应力,用于充填采场侧壁的水平压应力设计。

2.2.1　马斯顿无黏性模型

马斯顿(Martson)[2,3]提出利用二维拱方式来预测沿采空区底部岩壁的水平应力(σ_h),

如下所示：

$$\sigma_h = \frac{\gamma B}{2\mu'}\left[1 - \exp\left(-\frac{2Ka\mu'H}{B}\right)\right] \tag{2-1}$$

相应的，采场底部垂直应力 σ_v 和参数 K_a 由以下公式得出：

$$\sigma_v = \frac{\sigma_h}{K_a} \tag{2-2}$$

$$K_a = \tan^2\left(45° - \frac{\varphi}{2}\right) \tag{2-3}$$

式中　γ——充填体的重度，kN/m^3；

　　　B——采空区宽度，m；

　　　H——充填体高度，m；

　　　μ'——$\mu' = \tan\delta$，充填体和侧壁之间的滑动摩擦系数（δ 是采空区侧壁的摩擦角，通常假定在 $\frac{\varphi}{3}$ 和 $\frac{2\varphi}{3}$ 之间，范围为 $0°\sim22°$）；

　　　φ——充填体内摩擦角，$(°)$；

　　　K_a——主动土压力系数。

2.2.2　修正马斯顿无黏性模型

加拿大奥贝坦（Aubertin）教授等[4]提出了一个修正的马斯顿无黏性模型，该模型应用由主动土压力系数（K_a）和沿矿壁滑动摩擦系数（μ'）定义的二维应力拱来预测深度 H 到采场底部沿矿柱侧壁的有效水平应力（σ_{hH}'），如下所示：

$$\sigma_{hH}' = \frac{\gamma B}{2\tan\varphi_f'}\left[1 - \exp\left(\frac{2KH\tan\varphi_f'}{B}\right)\right] \tag{2-4}$$

相应的，采场底部的有效垂直应力为：

$$\sigma_{vH}' = \sigma_{hH}'/K \tag{2-5}$$

式中　γ——充填体的重度，kN/m^3；

　　　B——采空区宽度，m；

　　　H——采空区高度，m；

　　　φ_f'——充填体的有效内摩擦角，$(°)$；

　　　K——土压力系数。

土压力系数 K 对应三个不同的状态：K_a（主动），K_0（静止），K_p（被动），其关系如下：

$$\begin{cases} K = K_0 = 1 - \sin\varphi_f' \\ K = K_a = \tan(45° - \varphi_f'/2) \\ K = K_p = \tan(45° + \varphi_f'/2) \end{cases} \tag{2-6}$$

在式（2-6）中，K_0 是静止土压力系数，通常用于疏松岩砂。同时该系数也可由符合理想弹性材料的关系式获得：

$$K_0 = \frac{\upsilon}{1 - \upsilon} \tag{2-7}$$

式中，υ 是充填材料泊松比，范围为 $0.3\sim0.4$，不同的充填材料，泊松比也不同。

根据布鲁克（Brooker）[5]的观点，常见固结黏土类（即塑性材料）在静止状态下的土压力

系数可用 $K_0 = 0.95 - \sin \varphi'$ 来计算。

静止土压力系数 K_0 在 $0.4 \sim 0.6$ 之间,主动土压力系数 K_a 在 $0.17 \sim 1.0$ 之间,被动土压力系数 K_p 在 $1.0 \sim 10$ 之间。由于胶结充填没有足够的内部压力挤出采场壁面,主动土压力状态几乎是不可能的,因此可以认为胶结充填料浆在采空区只符合静止土压力和被动土压力两种状态。

2.2.3　太沙基黏性与非黏性材料模型

奥地利太沙基(Terzaghi)[2,6]同样提出二维拱模型来预测沿矿柱底部的水平应力(σ_h)的方法,分为黏性材料与非黏性材料两种情况:

(1)太沙基黏性材料模型

$$\sigma_h = \frac{(\gamma B - 2C)}{2\tan \varphi}\left[1 - \exp\left(-\frac{2KH\tan \varphi}{B}\right)\right] \tag{2-8}$$

(2)太沙基非黏性材料模型

$$\sigma_h = \frac{\gamma B}{2\tan \varphi}\left[1 - \exp\left(-\frac{2KH\tan \varphi}{B}\right)\right] \tag{2-9}$$

在采场底部相应的垂直压力 σ_v 与土压力系数 K 分别为:

$$\sigma_v = \sigma_h / K \tag{2-10}$$

$$K = \frac{1 + \sin^2 \varphi}{\cos^2 \varphi + 4\tan \varphi} = \frac{1}{1 + 2\tan^2 \varphi} \tag{2-11}$$

式中　K——土压力系数;

　　　γ——充填体重度,kN/m^3;

　　　C——充填体黏结强度,kPa;

　　　B——采场宽度,m;

　　　H——低于采场底部的深度,m;

　　　$\tan \varphi$——充填体的内摩擦系数;

　　　φ——充填体的内摩擦角,$(°)$。

2.2.4　三维预测模型

范霍恩(van Horn)[7]提出采用三维模型预测地表以下 h 处的垂直应力,假定该采空区宽为 B,长为 L,据此在充填体和岩壁之间的内摩擦角 δ 可用如下方程计算:

$$\sigma_v = \frac{\gamma}{2K_r\tan \delta}\left(\frac{BL}{B+L}\right)\left[1 - \exp\left(-2K_r\tan \delta \frac{2h(B+L)}{BL}\right)\right] \tag{2-12}$$

式中　γ——充填体重度,kN/m^3;

　　　h——充填体在采场中距离地表的高度,m;

　　　B——采空区宽度,m;

　　　L——采空区走向长度,m;

　　　$K_r = \dfrac{\sigma_h}{\sigma_v}$;

　　　δ——充填体和采场壁之间的内摩擦角,$(°)$。

贝伦(Belem)等[8]提出了一个三维模型,应用拱效应来预测在采场底部的水平应力

(σ_h)，包含两种情况：包括纵向应力 σ_x（贯穿整个矿体）和横向应力 σ_y（沿矿体）。

（1）纵向应力 σ_x

$$\sigma_x = \omega\gamma H\left(\frac{H}{B+L}\right) \times \left[1 - \exp\left(-\frac{2H}{B}\right)\right] \qquad (2\text{-}13)$$

（2）横向压力 σ_y

$$\sigma_y = 0.185\gamma H\left(\frac{H}{B+L}\right) \times \left[1 - \exp\left(-\frac{2H}{B}\right)\right] = \sigma_z \qquad (2\text{-}14)$$

式中　γ——充填体重度，kN/m^3；

$\quad\quad H$——采场高度，m；

$\quad\quad B$——采场宽度，m；

$\quad\quad L$——采场长度，m；

$\quad\quad \omega$——定向常数，当 $\sigma_h = \sigma_x$ 时，贯穿整个矿体 $\omega = 1$；当 $\sigma_h = \sigma_y$ 时，沿矿体走向 $\omega = 0.185$。

2.3　胶结充填强度设计

通常，根据胶结充填料浆在地下的作用不同，所设计的充填体强度也不同。一般情况下，如果为提供足够强度来支撑地表或充填体内施工工程，所设计的充填体强度至少要大于 5 MPa；如果只是解决充填体自立，那么充填体强度一般小于 1 MPa。矿柱采空区充填目的是限制围岩位移，其强度要求极低，一般采用尾砂非胶结充填或低配比尾砂胶结充填。以往的研究表明，充填体单轴抗压强度在 0.2～4 MPa 之间时，其围岩的抗压强度在 5～240 MPa。因此，矿山胶结充填强度设计应根据充填体不同作用进行设计，在满足强度要求的前提下减小水泥等胶凝剂的用量，以降低矿山充填成本。

2.3.1　竖向充填支护

充填体的力学效应与采场开采时的矿柱不同，相关的研究与现场试验表明充填体不能支撑所有覆盖层的重力（$\sigma_v = \gamma H$），而只能作为次要支护方式。充填体的弹性模量变化范围为 0.1～1.2 GPa，而周围岩体的弹性模量变化范围为 20～100 GPa。如文献[1,9]所述，任何顶部变形都是由竖向载荷导致，如图 2-1 所示。并且单轴抗压强度可由以下关系式得出：

$$UCS_{design} = (E_p\varepsilon_p)FS = E_p\left(\frac{\Delta H_p}{H_p}\right)FS \qquad (2\text{-}15)$$

式中　E_p——岩体或矿柱的弹性模量；

$\quad\quad \varepsilon_p$——矿柱的轴向应变；

$\quad\quad \Delta H_p$——覆岩位移，m；

$\quad\quad H_p$——原始地层高度，m；

$\quad\quad FS$——安全系数。

当采空区未充填壁面就已变形时，最大载荷不可能超过覆岩的总重力，此时单轴抗压强度可以用以下关系式求得：

$$UCS_{design} = k(\gamma_p H_p)FS \qquad (2\text{-}16)$$

式中　k——度量常数，0.25～0.5；

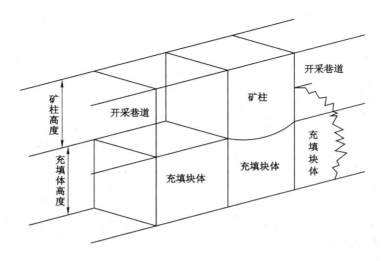

图 2-1　矿柱相邻充填体竖向载荷示意图

γ_p——覆岩重度，kN/m³；

H_p——原始地层高度，m；

FS——安全系数。

有些学者利用数值模拟的方式来计算仿真以上情况，最终确定防止由于顶板变形引起地表下沉所需的胶结充填料浆的刚度或强度，主要应用的软件是 FLAC(2D&3D)。同时，也有学者利用离心实验来进行物理实验，但由于实验的复杂性，在现场测试有很大的局限性。

2.3.2　充填体内开拓工程

当一条巷道必须贯穿胶结充填体而到达另一个新矿体，如图 2-2 所示，必须采用必要的安全设计准则。充填体的挡墙发生移动现象类似于实验室加载单轴抗压强度(实验)时试样发生移动[2]。在此种情况下，设计单轴抗压强度可依据以下关系式：

$$UCS_{design} = (\gamma_f H_f)FS \qquad (2-17)$$

其中　　γ_f——充填体重度，kN/m³；

H_f——充填体高度，m；

FS——安全系数。

2.3.3　矿柱回收

为最大限度地提高矿石回采率，在矿体开采充填结束后，进一步回收矿柱[2]。在矿柱回收过程中，在竖向会暴露较多的胶结充填体，所以必须保证充填体保持稳定。同时，充填体必须有足够的强度自立并可以抵抗矿柱回收过程中的爆破冲击波。图 2-3 示意了采场爆破后充填体的破坏机理。根据采矿工艺及充填体强度需要，在短期内充填体强度必须保证单轴抗压强度大于 1 MPa。

在缺少数值模拟的情况下，许多采矿工程师依靠二维极限平衡分析法来计算安全系数，进而确定暴露充填体的稳定性。该方法造成的典型结果是由于过度保守估算充填体临界强

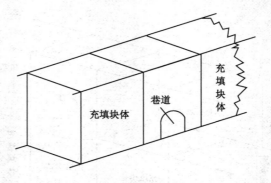

图 2-2　贯穿充填体的开拓巷道

度,进而导致充填成本增加。由于计算机及其语言的发展,近年来多采用二维和三维虚拟模型来计算充填拱效应、黏聚力及摩擦力等。

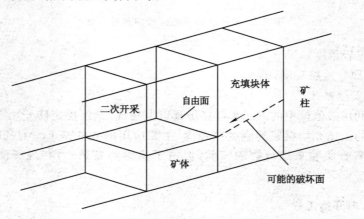

图 2-3　矿柱回收时充填体破坏机理示意图

（1）多个暴露面情况

当相邻矿柱或者采场爆破后,而充填体处于多于两个连续暴露面的情况下,利用公式(2-17)来设计充填体强度。如图 2-4 所示。

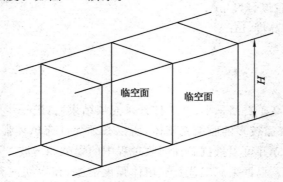

图 2-4　充填体的三个竖向暴露面示意图

（2）狭小空间充填体暴露面

当充填体处于被相邻采场限制的情况下（图 2-5），利用太沙基非黏性材料模型 [式(2-9)]可以有效地解释充填拱效应。Askew 等人[9]提出利用有限元模型来进行充填体抗压强度设计：

$$UCS_{design} = \frac{1.25\beta}{2K\tan\varphi}\left(\gamma - \frac{2C}{B}\right) \times \left[1 - \exp\left(-\frac{2HK\tan\varphi}{B}\right)\right]FS \tag{2-18}$$

式中　B——采场宽度，m；

　　　K——充填体的压力系数[见式(2-10)]；

　　　C——充填体的黏结力，kPa；

　　　φ——充填体的内摩擦角，(°)；

　　　γ——充填体重度，kN/m³；

　　　H——充填高度，m；

　　　FS——安全系数。

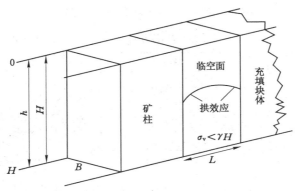

图 2-5　处于狭小空间充填体暴露面稳定性分析示意图

（3）胶结充填料浆摩擦暴露面

该设计方案主要解决当充填体的两个对立面与采场边帮方向相反的情况[2]，如图 2-6 所示。假定由于胶结充填料浆存在黏结力，充填体和矿壁之间产生剪切阻力，在这种情况下应用以下公式进行胶结充填料浆抗压强度计算，其中黏结力(C)和内摩擦角(φ)是由实验室或者现场进行三轴压缩实验所得。

$$UCS_{design} = \frac{(\gamma L - 2C)}{L}\left[H - \frac{B}{2}\tan\left(45° + \frac{\varphi}{2}\right)\right] \times \sin\left(45° + \frac{\varphi}{2}\right)FS \tag{2-19}$$

式中　γ——充填体的重度，kN/m³；

　　　C——充填体的黏结力，kPa；

　　　L——采场长度，m；

　　　φ——充填体内摩擦角，(°)；

　　　FS——安全系数。

（4）胶结充填料浆无摩擦暴露面

胶结充填体的抗压强度主要取决于胶凝剂，充填体内摩擦力对充填强度的影响一直被认为可以忽略不计，即 $\varphi \approx 0$[2,20]。对于一个无摩擦胶结充填料浆（图 2-7），黏结力等于抗压强度一半。在这种情况下，胶结充填料浆抗压强度满足以下关系式。

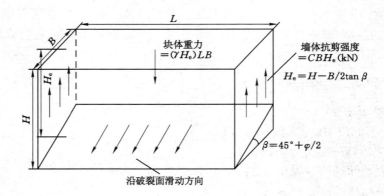

图 2-6　充填体剪切阻力示意图

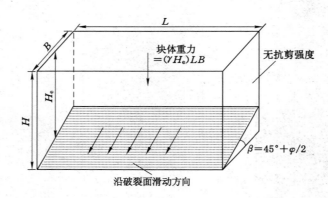

图 2-7　胶结充填料浆无抗剪强度示意图

$$UCS_{\text{design}} = \frac{\gamma L \left(H - \dfrac{B}{2} \right)}{\dfrac{L}{FS \sin 45°} + \left(H - \dfrac{B}{2} \right)} = \frac{\gamma L \left(H - \dfrac{B}{2} \right) FS \sqrt{2}}{2L + \left(H - \dfrac{B}{2} \right) FS \sqrt{2}} \tag{2-20}$$

式中　γ——充填体的重度，kN/m^3；

$\quad\quad C$——充填体的黏结力，kPa；

$\quad\quad B$——采场宽度，m；

$\quad\quad L$——采场长度，m；

$\quad\quad H$——充填体高度，m；

$\quad\quad FS$——安全系数。

　　由于胶结充填料浆与采场边帮之间不存在黏结力，而是通过自身强度达到自立，如图 2-7 所示，其稳定性可由离心实验模型等物理模型进行测试。Mitchell 等人[11-13] 根据式 (2-20) 得到以下胶结充填料浆强度关系式，其中 $B=0$，$FS=\sqrt{2}$。

$$UCS_{\text{design}} = \frac{\gamma L H}{L + H} = \frac{\gamma H}{1 + \dfrac{H}{L}} \tag{2-21}$$

　　又因为式 (2-21) 中安全系数不等于 1，故有：

$$UCS_{design} = \frac{(\gamma L H) FS}{L + H} = \frac{(\gamma H) FS}{1 + \dfrac{H}{L}} \tag{2-22}$$

式中　γ——充填体的重度，kN/m^3；

　　　L——采场走向长度，m；

　　　H——充填体高度，m；

　　　FS——安全系数。

（5）岩体支护

采空区充填后，采场应力得到有效释放与转移，周边矿柱增加的应力等于作用于胶结充填料浆的压力[2,14]。在这种情况下，稳定的胶结充填料浆能够有效增加矿柱水平侧面应力，矿柱由二维受力状态变为三维受力状态，如图 2-8 所示。矿柱抗压强度增加，满足以下关系式：

$$UCS_{cp} = UCS_{up} + [(\gamma_f H_f) K_{a-f}] K_{p-p} \tag{2-23}$$

$$K_{a-f} = \tan^2\left(45° - \frac{\varphi_f}{2}\right) \tag{2-24}$$

$$K_{p-p} = \tan^2\left(45° - \frac{\varphi_p}{2}\right) \tag{2-25}$$

式中　UCS_{cp}——胶结充填料浆围挡矿柱抗压强度，kPa；

　　　UCS_{up}——未充填采场前矿柱的强度，kPa；

　　　γ_f——充填体的重度，kN/m^3；

　　　H_f——胶结充填料浆高度，m；

　　　φ_f——充填体的内摩擦角，$(°)$；

　　　φ_p——矿柱的内摩擦角，$(°)$；

　　　K_{a-f}——充填体的主动土应力系数；

　　　K_{p-p}——矿柱被动土应力系数。

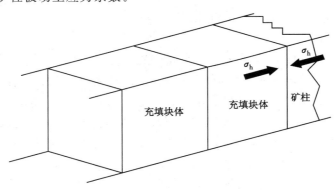

图 2-8　被胶结充填料浆围挡的矿柱示意图

（6）工作平台

充填采矿过程中，胶结充填料浆必须为采掘设备和工作人员提供工作平台，因此充填体在短期内要求有较高的强度来支撑[2]（图 2-9）。参考土木工程中浅基础设计，满足修正太沙基模型[式(2-8)]，关系式如下：

$$Q_f = 0.4\gamma B N_\gamma + 1.2 C N_c \tag{2-26}$$

承压系数 N_γ 和 N_c 满足以下关系式：

$$N_\gamma = 1.8(N_q - 1)\tan \varphi \tag{2-27}$$

$$N_c = \frac{N_q - 1}{\tan \varphi} \tag{2-28}$$

$$N_q = \tan^2\left(45° + \frac{\varphi}{2}\right)\exp(\pi\tan \varphi) \tag{2-29}$$

式中　N_γ——单位重力承载系数；

　　　N_c——黏结力承载系数；

　　　N_q——超载荷承载系数；

　　　γ——充填体重度，kN/m^3；

　　　C——充填体的黏结力，kPa；

　　　B——两接触点距离，m；

　　　φ——充填体的内摩擦角，(°)。

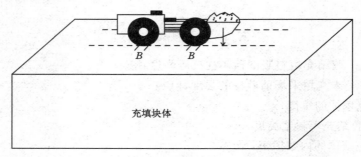

图 2-9　充填体提供的工作平台示意图

2.4　胶结充填料浆配比优化研究

在胶结充填设计过程中，首先要确定充填体强度，然后通过优化计算来确定配比参数。其目的主要是在保证满足充填体强度的情况下，尽量降低水泥等胶凝剂的使用量。配比参数主要包括有：胶凝材料类型和胶凝剂含量 B_w、尾砂粒径分布、矿物成分、混合料浆的质量浓度（C_w）或体积浓度（C_V）等。同时，充填设计需要考虑的另外一个因素就是经济。充填的成本又据充填体在采矿过程中的作用以及充填体配比而变化，一般情况下，充填成本占矿山经营成本的 $10\%\sim20\%$，胶凝材料占充填成本约 75%。如图 2-10 所示。

2.4.1　胶结充填料浆配比优化

水泥作为胶结充填料浆主要的胶凝材料，确定合理水泥含量可以有效地降低充填成本[2]。影响胶结充填效果的主要因素有：胶凝骨料、尾砂特性（相对密度、化学成分、粒径分布等）、充填用水的物理和化学特性（pH、导电性等），各配比成分对于充填料浆输送都发挥着重要作用。

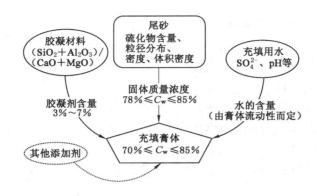

图 2-10　胶结充填料浆构成成分示意图

2.4.2　胶凝剂种类及组成

用于胶结充填的胶凝剂有多种,矿山主要选用水泥作为胶凝剂,水泥的种类包括有:硅酸盐水泥、普通硅酸盐水泥、矿渣硅酸盐水泥、火山灰质硅酸盐水泥、粉煤灰硅酸盐水泥和复合硅酸盐水泥等。但是,由于普通硅酸盐水泥相对于其他几种水泥价格较低,同时可以满足充填体强度需求,故该水泥类型是最主要的矿用胶凝剂。粉煤灰和火山灰也经常作为胶凝剂的添加剂,以减少水泥的使用量,进而来降低充填成本,同时可以起到一定的胶凝剂活化作用。

胶凝剂含量 $B_w(=100\% \times M_{黏合剂}/M_{尾砂干重})$ 一般为 $3\% \sim 7\%$(质量浓度)。料浆质量浓度 C_w 计算如下:

$$C_w = \frac{M_固}{M_水 + M_固} \times 100\% = \frac{M_{尾砂干重} + M_{胶凝剂干重}}{M_水 + M_{尾砂干重} + M_{胶凝剂干重}} \times 100\% \qquad (2-30)$$

相应的胶凝剂体积含量 B_V 和固体体积浓度 C_V 计算如下:

$$B_V = \frac{V_{胶凝剂}}{V_{尾砂}} \times 100\% = B_w(\frac{\rho_{s-t}}{\rho_{s-b}}) \qquad (2-31)$$

$$C_V = \frac{V_{固体}}{V_{砂浆}} \times 100\% = \frac{\rho_{d-f}}{\rho_{s-f}} \times 100\% \qquad (2-32)$$

其中　$V_{胶凝剂}$——胶凝剂体积,m^3;

　　　$V_{尾砂}$——干尾砂体积,m^3;

　　　$V_{固体}$——干尾砂和胶凝剂总体积,m^3;

　　　$V_{砂浆}$——胶结充填料浆体积,m^3;

　　　B_w——胶凝剂含量,%;

　　　ρ_{s-t}——尾砂密度,kg/m^3;

　　　ρ_{s-b}——胶凝剂密度,kg/m^3;

　　　ρ_{d-f}——干充填体密度,kg/m^3;

　　　ρ_{s-f}——充填料浆密度,kg/m^3。

由已知的胶结充填料浆固体质量浓度(C_w),胶凝剂质量浓度和尾砂质量浓度利用下列公式计算:

$$胶凝剂浓度 = \frac{B_w}{1+B_w} \times 100\% \tag{2-33}$$

$$尾砂浓度 = \frac{C_w}{1+B_w} \times 100\% = C_w - 胶凝剂浓度 \tag{2-34}$$

式中　C_w——胶结充填料浆固体质量浓度；

　　　B_w——胶凝剂相对于干尾砂质量浓度，%。

大量的实验表明，在给定的胶结充填料浆固化时间内，充填料浆强度和胶凝剂的含量存在一定的关系，如图 2-11 所示。然而，矿山不同，其关系也有所不同。最新的研究发现，胶结充填料浆的硬化过程不仅受到胶凝剂的水化作用影响，同时也受到充填料浆孔隙水与骨料的水化过程影响。

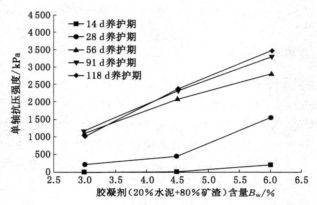

图 2-11　某矿山胶结充填料浆胶凝剂含量、养护期与抗压强度关系

2.4.3　充填用水及其影响

充填水是尾砂与胶凝剂有效水化的重要影响因素，如果充填体没有充分的水化作用，充填料浆则无法达到要求的强度和刚度。而且制备好的胶结充填料浆需要通过输送管道输送到地下采空区，因此需要具备一定的流动性。所以一般情况下，充填料浆的含水量都高于充填料浆水化所需水量。通常，检测充填用水是否符合充填要求，需要检测的指标包括：pH和硫酸盐含量。酸性水和硫酸盐成分会影响充填料浆的胶凝作用，导致胶结充填料浆的强度和长期稳定性下降。

为对比充填用水对胶结充填料浆的影响，选用普通硅酸盐水泥和矿渣作为胶凝剂，选用相同的尾砂作为骨料，利用三种不同的矿用水（自来水、湖水、矿井水）制备充填料浆。实验表明，最初 14 d 内三种充填料浆均固化较为缓慢，28 d 时自来水和湖水制备的充填料浆抗压强度达到最大值，并高于矿山井下水（富含硫酸盐）制备充填料浆强度 600 kPa，如图 2-12所示。

2.4.4　胶凝剂水化作用

研究表明，胶结充填料浆胶凝剂水化过程主要分为两个阶段：① 溶解/水化；② 水化/沉降。如图 2-13 所示，通过对不同砂灰比的胶结充填体进行微观结构分析可发现，砂灰比

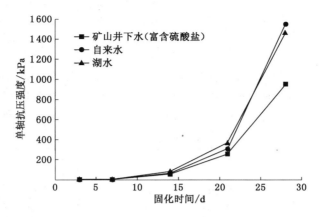

图 2-12　某矿山不同水对胶结充填料浆强度的影响

越小的充填体水化效果越好,形成了大量的钙矾石、C-S-H 凝胶等水泥水化产物及片状的 $Ca(OH)_2$ 等,并且胶结体结构非常致密,这也证明了砂灰比小的胶结充填料浆试块的强度相对比较高[32]。充填体中由于水泥含量较高,在充填体表面形成水化物保护膜阻碍了硫化物的氧化,所以该配比充填体硫化物以 C-S-H 凝胶存在,而不以硫酸盐形式存在,对充填体强度影响甚微。

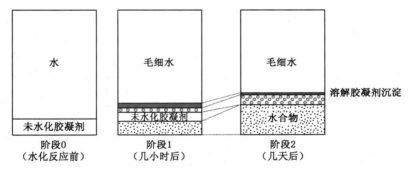

图 2-13　某矿山胶结充填料浆胶凝剂水化过程示意图(水灰比为 7)

2.4.5　胶结充填料浆骨料配比影响

在制备胶结充填料浆时,将水、尾砂和胶凝剂混合,并在混凝土搅拌机中搅拌 5～7 min。充填料浆的质量浓度一般控制在 75%～85% 范围内,主要取决于尾砂的密度、胶凝剂的含量和水灰比。

$$C_w = \frac{(1 + B_w)}{1 + B_w \left(1 + \dfrac{W}{C}\right)} \times 100\% \tag{2-35}$$

$$\frac{W}{C} = w\left(\frac{1}{B_w} + 1\right) = \left(\frac{1 - C_w}{C_w}\right)\left(\frac{1}{B_w} + 1\right) \tag{2-36}$$

式中　C_w——胶结充填料浆固体质量浓度,%;

　　　B_w——胶凝剂含量,%;

　　　W/C——水灰比;

w——最终胶结充填料浆含水量,%,可由式(2-37)得出:

$$w = \frac{M_{水}}{M_{d-s}} \times 100\%$$ （2-37）

图 2-14 与图 2-15 为某矿山胶结充填料浆实验数据。实验表明,胶结充填料浆单轴抗压强度随着料浆浓度的增大而增大,并且胶结料浆浓度增大至 70% 以后,其曲线斜率明显增大;胶结充填料浆抗压强度随砂灰比的增大呈幂次降低,并且在砂灰比小于 6 时,其曲线斜率绝对值明显增大。

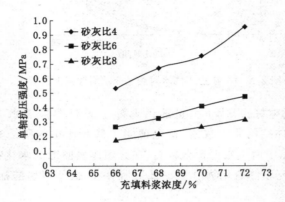

图 2-14　不同砂灰比的充填体抗压强度与充填料浆浓度的关系曲线

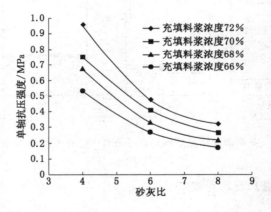

图 2-15　不同充填料浆浓度的充填体单轴抗压强度与砂灰比的关系曲线

2.5　充填站充填料浆制备

充填料制备站内设置砂仓用以调节外部均匀给料和充填工作间断进行之间的不平衡。砂仓的有效容积,最好能达到日平均充填量的 1.5 倍。根据松散惰性充填材料在砂仓内的堆存情况,可分为堆存"干"料的卧式砂仓和堆存于水面之下的"湿"料的立式砂仓[13],见图 2-16 和图 2-17。

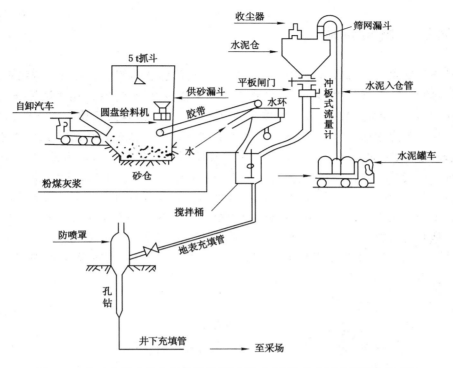

图 2-16　某矿山卧式砂仓制备站示意图(引自《深井矿山开采理论与技术》)

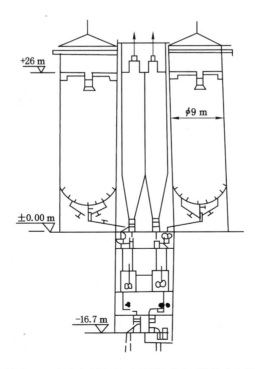

图 2-17　某矿山立式砂仓制备站示意图(引自《深井矿山开采理论与技术》)

2.6 胶结充填料浆输送

胶结充填即将一种或者多种固体物料和水进行优化组合,配制成具有一定稳定性、流动性、可塑性的浆体,在外加力(泵压)或者重力作用下以柱塞流的形态,用管道输送至地下采空区完成充填作业的过程。当砂浆的体积浓度大于 50% 时,料浆呈稳定的粥状,并像塑性结构体一样在管道中做整体运动,充填料浆中的固体颗粒一般不发生沉淀,层间也不出现交流,而呈现"柱塞状"的运动状态[15]。充填料浆柱塞断面上的速度基本为常数,只是润滑层的速度有一定变化。细粒物料像一个圆环,集中在管壁周围的润滑层慢速运动,起到"润滑"作用。由于充填料浆的塑性黏度和屈服应力较大,而只能施加外力克服充填料浆的屈服应力方可流动。胶结充填料浆可由全尾砂、分级粗尾砂或其他细粒物料作集料,加入水泥、粉煤灰或其他胶凝材料,制成质量浓度 $C_g = 75\% \sim 85\%$ 的浆料。其特点是在相当小的充填倍线范围内(3~4 以下)可进行重力自流输送,当充填倍线较大时,可用泵输送,常用的输送方式有:自流、泵送、自流+泵送三种方式。如图 2-18 所示。

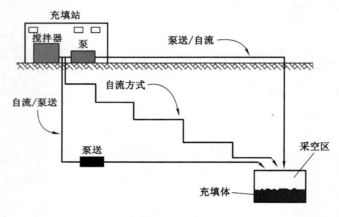

图 2-18 胶结充填输送系统示意图(引自参考文献[2])

2.7 本章小结

(1) 系统地概述了胶结充填在地下矿山的设计和应用现状。充填体强度设计过程中,必须根据采场的几何形状参数和初始地应力条件来确定。

(2) 胶结充填料浆优化配比对于充填料浆的流动性、稳定性及强度至关重要;同时,在开展回采充填工作之前,必须确定充填材料的流变特性,选择胶结充填行为的流变模型,并通过实验获取充填配比相关参数。

(3) 系统地介绍了胶结充填料浆参数实验方法及制备与输送工艺,在符合充填料浆输送条件的前提下,尽量选用自流输送。胶结充填技术能够有效解决常规充填技术的缺陷,在充填采矿矿山得到了广泛的应用。

参 考 文 献

［1］ Mitchell R J. Stability of cemented tailings backfill[J]. Computer and Physical Modeling in Geotechnical Engineering,1989(2):501-507.

［2］ Tikov Belem,Mostafa Benzaazoua. Design and Application of Underground Mine Paste Backfill Technology[J]. Geotech. Geol. Eng. ,2008(26):147-174.

［3］ Marston A. The theory of external loads on closed conduits in the light of latest experiments Bulletin No. 96[R],Iowa Engineering Experiment Station,Ames,Iowa.

［4］ Aubertin M,Li L,Arnoldi S,et al. Interaction between backfill and rock mass in narrow stopes[C]//Proceedings of 12th Pan-american conference on soil mechanics and geotechnical engineering and 39th U. S. rock mechanics symposium,2003(1):1157-1164.

［5］ Brooker E H,Ireland H O. Earth pressures at rest related to stress history[J]. Can. Geotech. J. ,1965,2(1):1-15.

［6］ Terzaghi K. Theoretical soil mechanics[M]. New York：John Wiley & Sons,1943.

［7］ Van Horn A D. A study of loads on underground structures[J]. Iowa Engineering Experiment Station Ames,1943:1159-1180.

［8］ Belem T,Harvey A,Simon R,et al. Measurement and prediction of internal stresses in an underground opening during its filling with cemented fill[C]//Villaescusa E,Potvin Y(eds) Proceedings of the fifth international symposium on ground support in mining and underground construction,2004:619-630.

［9］ Askew J E,McCarthy P L,Fitzerald D J. Backfill research for pillar extraction at ZC/NBHC[C]//Proceedings of 12th Canadian rock mechanics symposium,Canadian,1978:100-110.

［10］ Donovan J G. The effects of backfilling on ground control and recovery in thin-seam coal mining[D]. Blacksburg：Virginia Polytechnic Institute and State University,1999.

［11］ Mitchell R J,Olsen R S,Smith J D. Model studies on cemented tailings used in mine backfill[J]. Can. Geotech. J. ,1998,19(1):14-28.

［12］ Benzaazoua M,Fall M,Belem T. A contribution to understanding the hardening process of cemented pastefill[J]. Minerals Engineering,2004,17(2):141-152.

［13］ Craig R F. Soil mechanics[M]. London：Chapman and Hill Publishing,1995.

［14］ Sivakugan N,Rankine R M,Rankine K J,et al. Geotechnical considerations in mine backfilling in Australia[J]. Journal of Cleaner Production,2006(14):1168-1175.

［15］ 胡华,孙恒虎.矿山充填工艺技术的发展及似膏体充填料浆充填新技术[J].中国矿业,2001,10(6):47-50.

第3章 胶结充填材料配比优化研究

3.1 引 言

胶结充填材料配比设计主要就是确定胶结充填料浆中各组成材料的用量,胶结充填料浆的配比是影响充填料浆输送与充填效果的关键指标之一。关于充填材料配比的研究主要源于混凝土配比设计,配比在混凝土领域的应用已有一百多年,并获得了丰富的经验及研究成果。胶结充填料浆配比设计主要包括两个步骤:(1) 选择胶结充填料浆适宜组分(尾砂、水泥、水及化学外加剂等);(2) 求出它们相应的用量(配比),使之尽可能经济地配制出流动性、强度、耐久性合适的胶结充填料浆。胶结充填料浆的配比随着充填料浆所用的具体组分而定,而组分本身又取决于其用途。在胶结充填料浆配比设计过程中,必须考虑到材料的稳定性、流动性、可泵性、强度、粒径,以及可供选择的材料,如尾砂、水泥、粉煤灰、化学外加剂等。设计的内容主要包括:灰砂比、水灰比、浓度、化学外加剂等。其中,水灰比是影响胶结充填料浆强度、耐久性、渗透性等最重要的参数;骨料主要来自天然和人工,在水灰比一定的条件下,骨料会对胶结充填料浆的拌和用水量产生影响,进而影响水泥的用量以及由其决定的所有性能等;水泥用量也是胶结充填料浆的主要参数,水泥主要包括品种和强度两大指标,水泥的选择对于胶结充填料浆的耐久性、强度等产生重要影响;化学外加剂主要包括早强剂、减水剂、泵送剂等,这些化学外加剂可以有效改善胶结充填料浆的诸多性能,如提高充填料浆的流动性、增强充填料浆强度、增大充填料浆浓度、防止泵送管道中的离析与堵塞等。本章首先确定适合胶结充填料浆配比设计的原则,建立基于正交实验设计[1-5]、均匀实验设计[6-11]和配方实验设计[12-16]的胶结充填料浆配比优选方案,并进一步探讨了胶结充填料浆的综合性能与各影响指标之间的内在关系。

3.2 胶结充填料浆配比设计基本参数与原则

胶结充填料浆的配比取决于可供选择的充填材料、采矿工艺对胶结充填料浆的强度要求及充填料浆流动性等。在进行胶结充填之前,一般情况下需要在实验室完成充填料浆配比实验,选择最优的灰砂比、水灰比及其他材料的配比。

3.2.1 配比设计的基本参数

为说明胶结充填料浆配比基本参数,以图 3-1 作为典型胶结充填料浆材料组成为例。配比即确定每 1 m³ 胶结充填料浆中全尾砂(t-tailings)、水(w-water)、水泥(c-cement)、粉煤灰(f-fly ash)、棒磨砂(s-sand)和减水剂(r-water reducing agent)的单位体积用量。胶结充填料浆配比设计参数主要包括：粉煤灰耗量与水泥耗量之比、细骨料质量分数、灰砂比和水灰比。

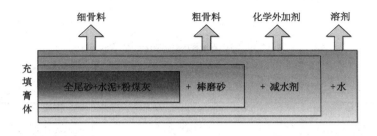

图 3-1　典型胶结充填料浆组成成分示意图

参数说明：

γ——灰砂比；

κ——细骨料质量分数，%；

β——粉煤灰耗量与水泥耗量之比；

m_c——单位体积胶结充填料浆水泥消耗量，kg/m³；

m_f——单位体积胶结充填料浆粉煤灰消耗量，kg/m³；

m_s——单位体积胶结充填料浆棒磨砂消耗量，kg/m³；

m_w——单位体积胶结充填料浆水消耗量，kg/m³；

m_r——单位体积胶结充填料浆减水剂消耗量，kg/m³；

m_t——单位体积胶结充填料浆全尾砂消耗量，kg/m³。

胶结充填料浆配比设计基本参数包括：

（1）粉煤灰耗量与水泥耗量之比

$$\beta = \frac{m_f}{m_c} \tag{3-1}$$

（2）充填料浆质量浓度

$$\kappa = \frac{m_f + m_c + m_t + m_s + m_r}{m_f + m_c + m_s + m_t + m_w + m_r} \tag{3-2}$$

（3）灰砂比

$$\gamma = \frac{m_c}{m_t} \tag{3-3}$$

（4）水灰比

$$c = \frac{m_w}{m_c} \tag{3-4}$$

（5）棒磨砂全尾砂质量比

$$z = \frac{m_s}{m_t} \tag{3-5}$$

3.2.2　配比设计基本原则

配比设计的基本原则是按所用的材料配制出既能满足流动性、强度及耐久性和其他要求,而且又经济合理的胶结充填料浆各组成部分的用量比例。配比设计的基本程序,如图3-2 所示。

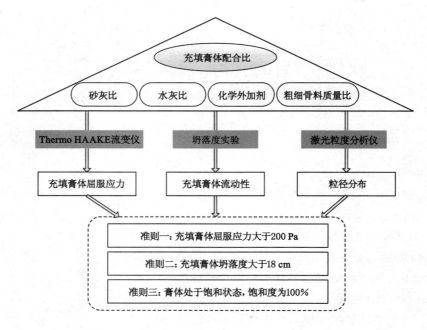

图 3-2　胶结充填料浆配比设计的程序

（1）选择合理的充填材料

胶结充填材料选择首先立足就地取材的原则,在保证充填体质量的前提下,尽量采用价格低廉的充填材料。充填材料选择从传统的自然及人工砂石向选矿尾砂、粉煤灰和冶炼炉渣等发展,可以有效改善地表环境,实现无废开采。同时,根据具体胶结充填料浆要求不同添加相应的化学外加剂,如减水剂、早强剂、絮凝剂等,以改善胶结充填效果。

（2）满足输送工艺要求

胶结充填料浆输送方式主要有自流和泵送,为满足充填工艺的要求,需要配置具有不同流动性的胶结充填料浆。根据坍落度实验及流变仪等测定充填料浆屈服应力和黏度,进而确定充填料浆的流动性,以满足不同输送工艺的稳定性、流动性和可泵性的要求。

（3）降低充填成本

在配置胶结充填料浆过程中,由于水泥比其他材料均昂贵,为达到尽可能降低水泥使用量的目的,采用价格低廉的粉煤灰等作为充填料浆胶结剂的辅助材料。同时,也可根据不同采空区部位,适当调整充填料浆配比,以降低充填整体成本。

（4）满足充填体强度要求

根据胶结充填料浆配比材料的物理与化学特性的不同,配置合理的胶结充填料浆,以满足采空区充填应力需求。在强度实验过程中,参照混凝土抗压强度实验方法,根据不同的配比配置不同的试块,测定不同时期试块单轴抗压强度等,最终选择合理的配比,以满足充填体强度要求。

（5）选择最优的配比设计方法

根据现有的配比实验设计方案,结合实验数据,并引入数理统计及数值计算的方式,最终确定最优的配比选择方法。这对于确定精确的配比至关重要。同时,在设计配比过程中需要满足以下几个技术参数:屈服应力值大于 200 Pa,即认为是充填料浆;充填料浆中最大粒径必须小于输送管道的 1/5;充填料浆坍落度大于 18 cm;充填料浆中 $-20~\mu m$ 的超细骨料含量不宜小于 15% 等。

3.3　胶结充填料浆材料选择及实验方法

3.3.1　胶结充填料浆材料选择

(1)配比材料密度、体积密度及孔隙率

充填材料配比实验在实验室进行,实验用的充填材料有:① 充填尾砂:实验用全尾砂取自选厂总出砂口;② 胶结材料:胶结材料选用强度等级 32.5 的大江普通硅酸盐水泥;③ 实验用水:实验用水取自选厂总出砂口的尾砂澄清水,为充填生产用水,pH=7.8。胶结充填料浆配比材料的物理、化学性质,以及尾砂的粒径分布等见表 3-1、表 3-2 和图 3-3。

表 3-1　　　　　　　　　　　　　　胶结充填料浆材料物性参数

材料名称	密度/(g/cm³)	体积密度/(g/cm³)	孔隙率/%
全尾砂	2.87	1.58	44.95
−3 mm 棒磨砂	2.67	1.51	43.78

(2)尾砂化学元素分析

从表 3-2 可以看出,尾砂中金属元素及其氧化物 Fe、Al_2O_3、CaO、MgO 含量较高,分别为 7.85%、5.95%、3.78%、4.08%,其他金属元素含量较低;非金属元素及其氧化物主要有 SiO_2、S、P,含量分别为 65.96%、0.11%、0.07%;硫及硫化物和磷及磷化物含量较低,对充填体影响较小。

表 3-2　　　　　　　　　　　　　　尾砂化学元素分析

成分	Cu	K	Pb	Zn	Fe	Mn	P
含量/%	<0.005	1.33	0.014	0.037	7.85	0.05	0.07
成分	Sn	Na	SiO_2	Al_2O_3	CaO	MgO	S
含量/%	0.0058	0.4	65.96	5.95	3.78	4.08	0.11

(3)尾砂粒级组成

从图 3-3 可看出,尾砂 d_{10} 为 76.225 μm,d_{50} 为 225.142 μm,d_{90} 为 591.134 μm。尾砂粒级组成不均匀系数为 3.68,通常适用于充填的尾砂颗粒的最佳级配应符合塔博方程,一般应介于 4~6。由尾砂粒度曲线可知,实验尾砂细颗粒含量较少,属于相对缺失细颗粒的类型,尾砂自然级配属于相对不连续级配。

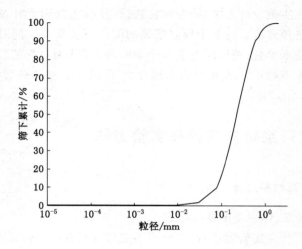

图 3-3　尾砂粒度分布曲线

3.3.2　实验方法及程序

　　坍落度是高浓度充填研究中从混凝土借用的一个概念，主要表征高浓度充填料浆流动性能。在坍落度测定过程中选用上口直径 100 mm、下口直径 200 mm、高 300 mm 的锥状坍落筒；充填料浆单轴抗压强度测量参照混凝土抗压强度实验方法，实验采用浇注试块的方法进行。本次实验采用长×宽×高为 7.07 cm×7.07 cm×7.07 cm 的三联金属试模制作试块，主要步骤为：配料→混合搅拌→浇模→捣实→刮模→脱模→试块养护→单轴抗压强度测定。实验采用 YED 电子压力测试机测定充填块体 3 d、7 d 和 28 d 单轴抗压强度。

3.4　基于正交实验胶结充填料浆配比优选

3.4.1　胶结充填料浆配比实验方案设计

　　胶结充填料浆配比实验在实验室完成，该实验选取胶结充填料浆质量浓度（%）、水泥耗量（kg/m³）、全尾砂与棒磨砂质量比作为正交设计因素，以胶结充填料浆的流动性与充填料浆强度作为实验目的。根据胶结充填料浆配比材料的特点，选取 $L_9(3^4)$ 正交表进行实验。正交表中影响因素、水平及实验方案如表 3-3 和表 3-4 所示。

表 3-3　　　　　　　　　　　　　　　　$L_9(3^4)$ 因素水平表

水平	充填料浆质量浓度/%	水泥耗量/(kg/m³)	棒磨砂/全尾砂
1	76	215	0.5
2	77	218	0.75
3	78	235	1

表 3-4   正交实验方案及实验结果分析

实验号	充填料浆质量浓度/%	空列	水泥耗量/(kg/m³)	棒磨砂/全尾砂
1	1(76)	1	1(215)	1(0.50)
2	1(76)	2	2(218)	2(0.75)
3	1(76)	3	3(235)	3(1.00)
4	2(77)	1	2(218)	3(1.00)
5	2(77)	2	3(235)	1(0.50)
6	2(77)	3	1(215)	2(0.75)
7	3(78)	1	3(235)	2(0.75)
8	3(78)	2	1(215)	3(1.00)
9	3(78)	3	2(218)	1(0.50)

3.4.2　实验结果及讨论

3.4.2.1　实验结果

　　胶结充填料浆流动性(坍落度)和胶结充填料浆强度实验结果如表 3-5 和表 3-6 所示。根据计算极差与确定因素主次关系,进行实验方案优选,并在实验检验过程中分析各因素与实验目标的关系。

表 3-5   胶结充填料浆流动性指标——坍落度

实验号	坍落度/mm	实验号	坍落度/mm
1	278	6	252
2	284	7	263
3	261	8	256
4	276	9	254
5	285		

表 3-6   胶结充填料浆强度指标——单轴抗压强度

实验号	单轴抗压强度/MPa			实验号	单轴抗压强度/MPa		
	R_3	R_7	R_{28}		R_3	R_7	R_{28}
1	0.362	0.612	2.284	6	0.507	1.107	2.843
2	0.314	0.568	2.236	7	0.754	1.396	4.381
3	0.301	0.547	2.215	8	0.945	1.607	4.492
4	0.452	0.883	2.537	9	1.136	1.725	4.618
5	0.429	0.754	2.328				

3.4.2.2　各因素与充填料浆流动性关系

　　由表 3-4 与表 3-5 正交实验结果,可以得到充填料浆质量浓度、水泥耗量和棒磨砂全尾砂质量比与胶结充填料浆坍落度关系曲线,由图 3-4、图 3-5 和图 3-6 可以得出以下几点结论:

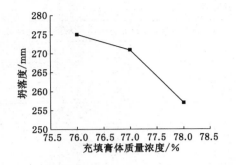

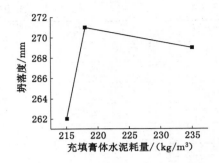

图 3-4　胶结充填料浆质量浓度与坍落度关系　　图 3-5　胶结充填料浆水泥耗量与坍落度关系

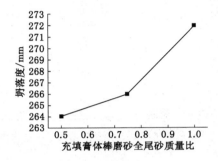

图 3-6　棒磨砂全尾砂质量比与充填料浆坍落度关系

（1）在考虑控制水泥使用量的情况下，选择充填料浆质量浓度为 76％，水泥耗量为 218 kg/m³，棒磨砂全尾砂质量比为 0.75 时胶结充填料浆流动性最佳。

（2）随着胶结充填料浆质量浓度、水泥耗量和棒磨砂全尾砂质量比增加，坍落度范围在 250～300 mm，满足胶结充填料浆坍落度大于 180 mm 的要求。不同配比的充填料浆，其流动性差异明显。

（3）增加棒磨砂有助于充填料浆流动，当棒磨砂全尾砂质量比为 0.75 时，胶结充填料浆具有良好的流动性，同时满足胶结充填料浆细骨料含量不小于 15％的要求。

3.4.2.3　各因素与充填料浆强度关系

由表 3-4 与表 3-6 正交实验结果，可以得到充填料浆质量浓度、水泥耗量和棒磨砂全尾砂质量比与胶结充填料浆试块单轴抗压强度关系曲线，根据图 3-7、图 3-8 和图 3-9 可以得出以下几点结论：

（1）如果以胶结充填料浆强度为主要实验目标时，考虑水泥使用量，胶结充填料浆质量浓度为 77％，水泥耗量为 218 kg/m³，棒磨砂全尾砂质量比为 0.75 时胶结充填料浆强度最佳。

（2）由图 3-7 可知，增加胶结充填料浆的质量浓度可以有效地提高充填料浆的强度，每增加 1％质量浓度，28 d 试件的单轴抗压强度增加得最为明显。

（3）由图 3-8 可知，随着水泥耗量的增加，有利于降低水力坡度，从而减小输送阻力损失。水泥不仅可以作为胶凝剂，也可以在输送过程中起到润滑作用；既有利于充填料浆固结，增加胶结充填料浆的强度，又有利于充填料浆输送，降低阻力损失等。

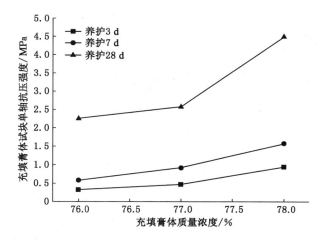

图 3-7 胶结充填料浆质量浓度与单轴抗压强度关系

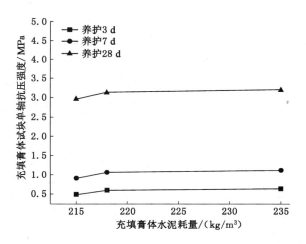

图 3-8 胶结充填料浆水泥耗量与单轴抗压强度关系

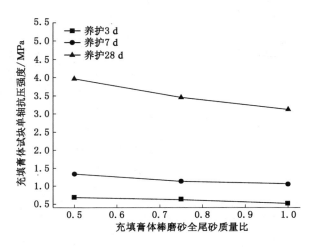

图 3-9 棒磨砂全尾砂质量比与充填料浆单轴抗压强度关系

（4）由图 3-9 可知,利用改变棒磨砂全尾砂的质量比,可以有效地调整胶结充填料浆强度,同时可以降低水泥使用量,进而降低采矿成本。

3.5 基于均匀设计胶结充填料浆配比优选

3.5.1 均匀设计概念及步骤

均匀设计和正交设计相似,也是通过一套精心设计的表来进行实验设计的[7]。每一个均匀设计表有一个代号 $U_w^*(q^s)$ 或 $U_n^*(q^s)$,其中"U"表示均匀设计,"n"表示要做 n 次实验,"q"表示每个因素有 q 个水平,"s"表示该表有 s 列。U 的右上角加"*"和不加"*"代表两种不同类型的均匀设计表。通常加"*"的均匀设计表有更好的均匀性,应优先选用。每个均匀设计表都附有一个使用表,它指示我们如何从设计表中选用适当的列,以及由这些列所组成的实验方案的均匀度。表 3-7 是 $U_6^*(6^4)$ 的使用表。查表可知,若有两个因素,应选用1,3 两列来安排实验;若有三个因素,应选用1,2,3 三列,⋯⋯,最后 1 列 D 表示刻画均匀度的偏差(discrepancy),偏差值越小,表示均匀度越好。例如由附录 A1.3 和 A1.4 的两个均匀设计 $U_7^*(7^4)$ 表和及它们的使用表来安排试验,今有两个因素,若选用 $U_7^*(7^4)$ 的1,3 列,其偏差 $D=0.2398$,选用 $U_7^*(7^4)$ 的1,3 列,相应偏差 $D=0.1582$,后者较小,应优先择用。有关 D 的定义和计算将在第 3 章介绍。当实验数 n 给定时,通常 U_n 表比 U_n^* 表能安排更多的因素。故当因素 s 较大,且超过 U_n^* 的使用范围时可使用 U_n 表。

均匀设计的基本步骤包括:① 明确实验目的;② 选择因素;③ 确定因素水平;④ 选择均匀设计表;⑤ 进行表头设计;⑥ 明确实验方案,进行实验;⑦ 实验结果统计分析。

3.5.2 均匀设计在胶结充填料浆配比优选中的应用

选用 3.3 节配比材料制备具有一定流动性和强度的胶结充填料浆实验中,为了提高胶结充填料浆的强度,考察了充填料浆质量浓度(x_1)、水泥耗量(x_2)和棒磨砂全尾砂质量比(x_3)三个因素,每个因素选取 9 个水平,如表 3-7 所示。

表 3-7 因素水平表

水平	质量浓度 $x_1/\%$	水泥耗量 $x_2/(kg/m^3)$	棒磨砂全尾砂质量比 x_3
1	76	214	0.5
2	77	219	0.5
3	78	236	0.5
4	76	214	0.75
5	77	219	0.75
6	78	236	0.75
7	76	214	1
8	77	219	1
9	78	236	1

根据因素和水平,选取均匀设计表 $U_9^*(9^4)$ 来安排实验,根据 $U_9^*(9^4)$ 的使用表,将 x_1,x_2 和 x_3 分别放入 $U_9^*(9^4)$ 表的 1,3,4 列,其实验方案列于表 3-8。

表 3-8　　　　　　　　　　　　　　　　实验方案和结果

实验序号	质量浓度 x_1/%	水泥耗量 x_2/(kg/m³)	棒磨砂全尾砂质量比 x_3	试件单轴抗压强度 R_{28}/MPa
1	1(76)	7(214)	9(1)	2.201
2	2(77)	4(214)	8(1)	2.526
3	3(78)	1(214)	7(1)	4.362
4	4(76)	8(219)	6(0.75)	2.103
5	5(77)	5(219)	5(0.75)	2.745
6	6(78)	2(219)	4(0.75)	4.487
7	7(76)	9(236)	3(0.5)	2.369
8	8(77)	6(236)	2(0.5)	3.036
9	9(78)	3(236)	1(0.5)	4.405

由表 3-8 可以看出,9 号实验所得的胶结充填料浆试件块体单轴抗压强度最大,可以将 9 号实验对应的条件作为较优的工艺条件。并对 9 号实验结果进行回归分析,得到的回归方程为:

$$y = -82.88 + 1.09x_1 + 0.01x_2 - 0.1x_3 \tag{3-6}$$

这是一个三元线性回归方程,为检验其可信性,对该回归方程进行方差分析,其方差分析表如表 3-9 所示。

表 3-9　　　　　　　　　　　　　　　　方差分析表

差异源	df	SS	MS	F	Significance F	显著性
回归分析	3	7.309 943	2.436 648	17.573 64	0.004 357	＊＊
残差	5	0.693 268	0.138 654			
总计	8	8.003 211				

由方差分析可知,所求得回归方程非常显著,该回归方程是可信的。由回归方程可知,x_1,x_2 系数为正,表明胶结充填料浆强度随充填料浆质量浓度(x_1)和水泥耗量(x_2)的增加而增加;而 x_3 的系数为负数,说明胶结充填料浆强度随棒磨砂全尾砂质量比增加而减小。所以,在确定最优方案时,应该选择 x_1,x_2 因素的上限,即 x_1 料浆的质量浓度 78%,x_2 尾砂耗量 236 kg/m³;而 x_3 因素应该选择下限,即 x_3 选择砂灰比 0.5。故该胶结充填料浆最优配比为:充填料浆质量浓度 $x_1 = 78\%$,水泥耗量 $x_2 = 236$ kg/m³,棒磨砂全尾砂质量比 $x_3 = 0.5$,该情况下胶结充填料浆强度达到最大值,与表 3-8 实验结果一致。将 $x_1 = 78\%$,$x_2 = 236$ kg/m³,$x_3 = 0.5$ 代入回归方程,可得:$y = 4.45$,说明该回归方程的计算结果与实际基本吻合。

3.6　基于配方实验设计胶结充填料浆配比优选

配方实验设计自 1958 年由 H. Scheffé 首先提出,至今已有六十多年。配方设计在化工、橡胶、食品、材料工业等领域十分重要,欲寻找最佳配方,需要做配方实验或混料实验,由于各影响因素之间不独立,所以最好选择配方设计来安排实验,从相关文献可知配方法实验设计包括有:单纯形格子点设计(Simplex-lattice design)、单纯形重心设计(Simplex-centri-od design)、轴设计(axial design)等。

3.6.1 配方实验设计原理及步骤

配方实验设计,不同于前述所介绍的各种实验设计。配方实验设计的实验指标只与每种成分的含量有关,而与混料的总量无关,且每种成分的比例必须是非负的,且在0~1之间变化,各种成分的含量之和必须等于1(即100%)。也就是说,各种成分不能完全自由地变化,受到一定条件的约束。

设:y 为实验指标,x 是第 i 种成分的含量,则混料问题的约束条件即混料条件为:

$$\begin{cases} x_i \geqslant 0 \quad (i = 1, 2, \cdots, p) \\ \sum_{i=1}^{p} x_i = x_1 + x_2 + \cdots + x_p = 1 \end{cases} \tag{3-7}$$

式中,x_i 称为混料成分或混料分量,即混料实验中的实验因素。

配方实验设计是一种受特殊条件约束的回归设计,它是通过合理地安排混料实验,以求得各种线性或非线性回归方程的技术方法。它具有实验点数少、计算简便、容易分析、迅速得到最佳混料条件等优点。

配方条件(3-7)决定了配方实验设计不能采用一般多项式作为回归模型,否则会由于混料条件的约束而引起信息矩阵的退化。混料实验设计常采用 Scheffé 多项式回归模型。例如,一般的三元二次回归方程为:

$$\hat{y} = b_0 + \sum_{i=1}^{3} b_i x_i + \sum_{i=1}^{3} b_{ij} x_i x_j + \sum_{i=1}^{3} b_{ii} x_i^2 \tag{3-8}$$

而混料配方实验设计中,三分量二次回归方程应为:

$$\hat{y} = \sum_{i=1}^{3} b_i x_i + \sum_{i<j} b_{ij} x_i x_j \tag{3-9}$$

比较式(3-8)和式(3-9)可知,Scheffé 多项式没有常数项和平方项,这是因为,将约束条件 $\sum_{i=1}^{3} x_i = 1$ 代入式(3-8),即可推导得到式(3-9)。

通常,混料实验设计的 p 分量 d 次多项式回归方程,其 Scheffé 多项式(或规范多项式)为:

一次式($d=1$): $$\hat{y} = \sum_{i=1}^{p} b_i x_i \tag{3-10}$$

二次式($d=2$): $$\hat{y} = \sum_{i=1}^{p} b_i x_i + \sum_{i<j} b_{ij} x_i x_j \tag{3-11}$$

三次式($d=3$):

$$\hat{y} = \sum_{i=1}^{p} b_i x_i + \sum_{i<j} b_{ij} x_i x_j + \sum_{i<j} r_{ij} x_i x_j (x_i - x_j) + \sum_{i<j<k} b_{ijk} x_i x_j x_k \tag{3-12}$$

式中,r_{ij} 为三次项 $x_i x_j (x_i - x_j)$ 的回归系数。

由此看来,配方实验设计的 (p, d) Scheffé 多项式回归方程中,待估计的回归系数的个数,比一般的 p 因素 d 次多项式回归方程要少。

对于有下界限约束的配方设计,在选用单纯形格子点设计表之前,需要将自然变量 x_j $(j=1,2,\cdots,m)$ 转化成规范变量 z_j。编码公式如下:

$$x_j - a_j = \left(1 - \sum_{j=1}^{m} a_j\right) z_j \tag{3-13}$$

配方实验设计,在组分之和为 1 的约束条件下,有几种常用的方法,如单纯形混料设计、极端顶点混料设计、对称单纯形混料设计、倒数混料设计、随机混料设计、单纯形配方设计、单纯形格子点设计和单纯形重心设计等。配方实验设计基本程序包括:① 明确实验指标,确定配方组分;② 选择设计表,进行实验设计;③ 回归方程建立;④ 最优配方的确定;⑤ 回归方程的回代。

3.6.2　配方实验设计在胶结充填料浆配比中应用

某铁矿采用全尾砂胶结充填,为提高采空区胶结充填效果,要进行充填料浆配比优化。胶结充填料浆主要由全尾砂 (x_1)、水泥 (x_2)、棒磨砂 (x_3) 和水 (x_4) 四种成分构成,通过配方实验设计确定实验指标充填料浆试块养护 28 d 单轴抗压强度 (y) 最大的最优配方。实验在考虑充填成本和充填料浆流动性的情况下,强度越大,配比越合理。

由上可知,该胶结充填料浆配比实验除了公式(3-7)约束外,参考现有矿山胶结充填料浆配比参数对各组分加以约束:棒磨砂全尾砂质量比 $[0.5,1]$、充填料浆质量浓度 $[0.75,0.82]$ 和砂灰比 $[4,10]$,即:

$$\begin{cases} x_1 + x_2 + x_3 + x_4 = 1 \\ 4 \leqslant \dfrac{x_1}{x_2} \leqslant 10 \\ 0.5 \leqslant \dfrac{x_3}{x_1} \leqslant 1 \\ 75\% \leqslant \dfrac{x_1 + x_2 + x_3}{x_1 + x_2 + x_3 + x_4} \leqslant 82\% \end{cases} \tag{3-14}$$

由式(3-14)可得:$0.18 \leqslant x_4 \leqslant 0.25$,即水的含量上限是 25%,下限是 18%。

根据公式(3-13),因为 $x_1 \geqslant 0, x_2 \geqslant 0, x_3 \geqslant 0, 0.18 \leqslant x_4 \leqslant 0.25$,故:

$$\begin{cases} x_1 = 0.72 z_1 \\ x_2 = 0.72 z_2 \\ x_3 = 0.72 z_3 \\ x_4 = 0.72 z_4 + 0.18 \end{cases} \tag{3-15}$$

由于该配方组分为 $m=4$,故可以选择 $\{4,2\}$ 单纯形格子点设计,实验方案和实验结果如表 3-10 所示。

联系式(3-11)、式(3-13)和式(3-15),并将每组实验代入,可得该配方的规划方程为:

$$y = 1.8 x_1 + 25.4 x_2 + 28.3 x_3 + 38.5 x_4 - 34.8 x_1 x_2 - 48.4 x_1 x_3 +$$
$$14.2 x_1 x_4 - 94.4 x_2 x_3 + 21.8 x_2 x_4 - 91.4 x_3 x_4 + 624.6 x_1 x_2 x_3 -$$
$$530.1 x_1 x_2 x_4 - 175.8 x_1 x_3 x_4 - 40.8 x_2 x_3 x_4 - 1\,620.8 x_1 x_2 x_3 x_4$$

由于胶结充填料浆强度越大越好,运用 Excel 的"规划求解"工具,求得:$x_1 = 0.53$,$x_2 = 0.14$,$x_3 = 0.10$ 和 $x_4 = 0.23$。此时,所对应的充填料浆配比为:胶结充填料浆质量浓度

77％,棒磨砂全尾砂质量比 0.71,砂灰比 3.79。

表 3-10　　　　　　　　　　　　{4,2}单纯形格子点设计方案及实验结果

实验编号	z_1	z_2	z_3	z_4	试块养护 28 d 单轴抗压强度/MPa
1	1(0.52)	0(0.20)	0(0.10)	0(0.18)	2.97
2	0(0.60)	1(0.14)	0(0.08)	0(0.18)	2.59
3	0(0.48)	0(0.13)	1(0.11)	0(0.18)	3.22
4	0(0.52)	0(0.15)	0(0.08)	1(0.25)	2.97
5	1/2(0.50)	1/2(0.30)	0(0.02)	0(0.18)	4.45
6	1/2(0.50)	0(0.16)	1/2(0.16)	0(0.18)	3.42
7	1/2(0.50)	0(0.19)	1/2(0.13)	0(0.18)	3.69
8	0(0.46)	1/2(0.20)	1/2(0.16)	0(0.18)	3.08
9	0(0.52)	1/2(0.13)	0(0.10)	1/2(0.25)	2.87
10	0(0.36)	0(0.0.14)	1/2(0.14)	1/2(0.25)	1.47

3.7　本章小结

(1) 根据矿山胶结充填实践,制定最优的配比参数选择原则,选择以胶结充填料浆质量浓度、砂灰比、水泥耗量和棒磨砂全尾砂质量比为主要配比参数,以胶结充填料浆流动性、充填体强度和成本为优化目标。

(2) 构建基于正交实验设计的配比优选方法,随着胶结充填料浆质量浓度、水泥耗量和棒磨砂尾砂比增加,坍落度范围在 250～300 mm,满足胶结充填料浆坍落度大于 180 mm 的要求;增加棒磨砂有助于充填料浆流动,当棒磨砂尾砂质量比为 0.75 时,胶结充填料浆具有良好的流动性;随着水泥耗量的增加,有利于降低水力坡度,从而减小输送阻力损失;水泥不仅可以作为胶凝剂,也可以在输送过程中起到润滑作用,既有利于充填料浆固结,增加胶结充填料浆的强度,又有利于充填料浆输送,降低阻力损失等。

(3) 引入基于均匀设计的胶结充填料浆配比优选方法,该方法相对于正交实验设计的最主要的优点是可大幅度地减少实验次数,缩短实验周期,从而大量节约人工和费用。根据配比影响因素和实验目标,建立回归方程,并且实验数据与回归方程计算结果基本一致,说明该方法可信度高。

(4) 系统地分析了配比方法实验原理和步骤,并根据胶结充填实践经验,对胶结充填料浆配比参数进行约束,进而确定适合胶结充填配比参数的回归方程,通过实验验证,模型预测值与实测值基本吻合。

参 考 文 献

[1] 刘瑞江,张业旺,闻崇炜,等.正交试验设计和分析方法研究[J].实验技术与管理,2010,
　　17(9):52-54.

[2] 方开泰,马长兴.正交与均匀试验设计[M].北京:科学出版社,2001.

[3] 周中,傅鹤林,宝琛,等.土石混合体渗透性能的正交试验研究[J].岩土工程学报,2006,28(9):1134-1138.

[4] 苑玉凤.多指标正交试验分析[J].湖北汽车工业学院学报,2005,19(4):53-56.

[5] 杨维权.现代质量管理统计方法[M].广州:中山大学出版社,1990.

[6] 刘希亮,罗静,朱维申.深部含水层渗透系数均匀试验研究[J].岩石力学与工程学报,2005,24(16):2990-2996.

[7] 方开泰.均匀设计与均匀设计表[M].北京:科学出版社,1994.

[8] 宓永宁,梁雪珂,张树伟,等.基于均匀试验的多孔混凝土的配比研究[J].中国农村水利水电,2010(1):90-92.

[9] 韩汉鹏.试验统计与引论[M].北京:中国林业出版社,2006.

[10] 王浩,陈会凡,师金锋.混杂纤维增强混凝土的均匀试验研究[J].混凝土,2005(3):59-61.

[11] 黄贤春.灰岩模拟材料配方试验研究[J].广州建筑,2005(3):5-7.

[12] 张楠,王阿川.化学添加剂优化配方试验设计与分析的研究[J].信息技术,2007(5):129-131.

[13] 郭森林,邹文俊,王勇峰,等.SPSS 在金属结合剂配方试验中的应用[J].超硬材料工程,2011,23(4):29-32.

[14] 李云雁,胡传荣.试验设计与数据处理[M].北京:化学工业出版社,2005(2):143-194.

[15] 栾军.现代试验设计优化方法[M].上海:上海交通大学出版社,1995.

[16] 王致清.黏性流体动力学[M].哈尔滨:哈尔滨工业大学出版社,1999.

[17] 王正辉.膏体充填料的工程检测与判别[J].有色矿山,2000(5):25-31.

第4章 胶结充填料浆长距离管输流动特性

近些年来,随着浅部资源的枯竭,进入深部开采的矿山越来越多[1,2]。据不完全统计,国内外开采深度超千米的金属矿山已接近百座,其中最多的是南非[3],其金属矿山开采深度为世界之最,绝大多数金矿的开采水平在 1 000 m 以下,其中最深的开采深度已接近 5 000 m。国内也有多座矿山已进入深部开采,如凡口铅锌矿、金川二矿区和冬瓜山铜矿等矿山的深部开采深度在 1 000 m 左右,也有些矿山开采深度达 1 500 m 左右。然而据有关勘探资料[4],5 000~6 000 m 开采水平以下的矿产资源仍有很大潜力,据此可以预计,将来开采深度将会超过 5 000 m 甚至达到 6 000 m。因此,深部开采将是我国乃至世界关注的热题。深井充填开采作业深度大,充填料浆管道输送距离长,充填倍线小,在自流充填系统中垂直段由重力产生的压力消耗不完,管道中剩余压力大,流速快,产生非满管流,使管道冲击磨损严重。深井充填系统管道的磨损、穿孔、堵塞现象较浅井严重。对于浅井充填的管流特性,国内外众多学者进行了理论及数值模拟研究,而对于深井矿山的管流特性研究并不多见。李锦锋[5]等学者通过建立二维超长超深管道模型对胶结充填的输送特性进行了数值模拟;戴兴国[6]提出降压满管输送,并对几种不同管径组合进行了分析;张德明[7]等从动量角度分析了深井充填管道磨损机理;刘晓辉[8]等建立管径、流速与满管率之间的匹配关系;韩文亮[9]对长距离翻越山峰后的长距离管道产生真空不满管流的机理进行分析,并提出真空不满管流预防措施;孙恒虎[10]等对非满管流下料过程进行实验,研究了不满管流运动过程的射流效应和相变;但对于非满管流现象的数值模拟研究尚且只有一人,林天垫[11]对矸石似充填料浆管道输送不满管流进行数值模拟研究。基于对充填料浆非满管流研究不足,本章模拟对比分析了浅井、深井 L 形输送管道以及深井台阶布置形输送管道的管流特性,基于流体力学等理论分析了非满管流的产生原因,以及采用多因素敏感性分析方法求得满管率的影响因素——速度、管径、充填倍线的敏感度因子,并对深井长距离似胶结充填料浆管道输送的非满管流空化现象及空化高度进行数值模拟,最后分析了管径、入口速度与空化高度的关系,以期为深井长距离充填系统可靠运行提供一定参考依据。同时,将电阻层析成像技术引入充填管道液-固两相流的可视化检测中,首先通过正交实验设计,分析废石尾砂胶结充填料浆浓度、粒径、废石尾砂比对充填浆体电导率的影响;然后采用有限元方法建立 16 电极 ERT 传感器模型,对ERT"软场"特性进行深入研究,并确定废石或结垢所在位置;最后采用线性反投影算法,对正交实验的 9 组流形进行反演成像,实验结果表明重建图像可以准确地反映废石在检测平面所处位置。

4.1　长距离满管胶结充填料浆流动特性

4.1.1　充填材料物理与化学特性

充填材料基础参数主要包括尾砂物理特性(体积密度、密度、孔隙率),尾砂化学组成,尾砂渗透性能,尾砂粒级组成(表 4-1),这些参数对充填体的力学性质,如充填体强度、渗滤水性能、管道输送特性等,有重要影响。

表 4-1		尾砂基础物理参数表		
材料名称	密度/(g/cm³)	体积密度/(g/cm³)	渗透系数/(cm/s)	孔隙率/%
尾砂	2.67	1.54	5.78×10^{-3}	38.5

利用激光粒度分析仪得到尾砂颗粒粒径及其分布,如图 4-1 所示。粒级组成曲线上累积含量 60% 时对应的颗粒粒径与累积含量 10% 时对应的颗粒粒径之比为不均匀系数,尾砂 d_{10} 为 40 μm,d_{60} 为 300 μm,$d_{60}/d_{10} = 7.5$,充填骨料的不均匀系数大于 5,表明其级配良好,充填料浆体的密实程度较好,有助于提高充填体的前期强度。尾砂的渗透系数较高(208.1 mm/h),大于 100 mm/h 的要求,进入充填采场后具有良好的脱水性能,初凝速度快。

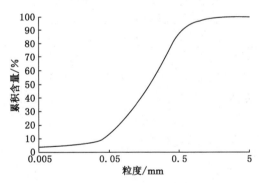

图 4-1　尾砂粒度分布曲线

从表 4-2 可以看出,在尾砂中 SiO_2 的含量高达 70.0%,Al_2O_3 的含量也相对较高,具有一定的散体强度,其他成分含量较低。

表 4-2			尾砂主要化学成分组成				
成分	SiO_2	Ca	Al_2O_3	K	Mg	Pb	Fe
含量/%	70.07	2.07	3.05	2.09	0.13	0.018	0.49

4.1.2　模型建立及网格划分

本章建立的浅井 L 形、深井 L 形以及台阶形管道输送模型如图 4-2 所示。因为在实际情况中,充填系统的管道长度大,建模和网格划分都不太方便,因此在建模时,管道长度以100∶1的比例建立三维模型,模型各参数如表 4-3 所示。

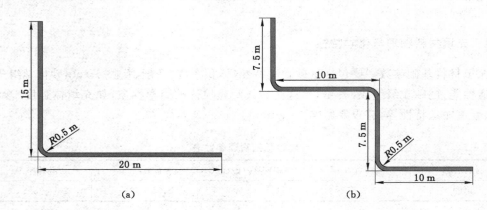

(a)　　　　　　　　　　　　(b)

图 4-2　充填管道几何模型

（a）L 形充填管道；（b）台阶形充填管道

表 4-3　　　　　　　　　　　　**数值模拟模型尺寸参数**

模型类别	垂直段长/m	水平段长/m	弯管曲率半径/m	管径/mm	充填倍线
浅井 L 形管	5	20	0.5	120	5
深井 L 形管	15	20	0.5	120	2.3
台阶模型	7.5	10	0.5	120	2.3

充填管道几何模型分为三段,即垂直段、弯管段以及水平段,在数值模拟中网格的疏密直接关系到模拟结果的准确性,经过多次实验对比,最终确定将竖直段和水平段的 Interval Size 设为 0.02;另外,因为在弯管处速度、压力的大小都有很大变化,故将弯管处网格进行加密,Interval Size 设为 0.008。如图 4-3 所示。

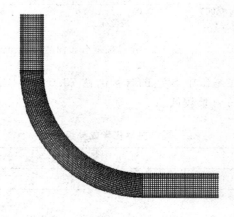

图 4-3　网格划分示意图

4.1.3　模拟参数的设定

模拟时将进口边界条件设为速度进口(velovity-inlet),出口设为自由出口(outflow),管壁设为无滑移的壁面(wall),并在竖直方向考虑重力加速度,设其值为 -9.8 m/s²。

模拟选用的充填料浆为全尾砂似胶结充填料浆,充填骨料为尾砂,胶凝材料为水泥,浆体的灰砂比为 1∶10,料浆质量浓度为 76%,体积浓度为 53%,体积密度为 1.88 t/m³。料浆各参数见表 4-4。深井充填自流输送系统的充填能力一般为 60~80 m³/h,据此充填流量选为 80 m³/h。浆体的雷诺数决定浆体的流态,它综合反映管道尺寸、流体物理属性、流动速度等。当雷诺数小于 2 320 时,管道内的流体流动状态为层流;当雷诺数大于 2 320 时,管道内的流体流动状态为紊流[12]。此浆体的雷诺数为 1 347<2 320,因此管中的料浆流动状态为层流,湍流模型选择层流模型。选择 implicit 分离隐式求解,差分格式为二阶迎风。

表 4-4　　　　　　　　　　　　　充填料浆参数

体积密度/(t/m³)	黏度/(Pa·s)	管径/mm	初速度/(m/s)	雷诺数
1.88	0.33	120	1.97	1 347

另外,为了方便模拟特作出以下假设:

(1) 黏性浆体具有恒黏性,不随温度、时间的变化而变化;

(2) 不考虑热交换;

(3) 不考虑振动、地压波等对管道输送的影响。

4.1.4　不同充填管形的管流特性

(1) 速度分析

全尾砂似胶结充填料浆浓度较高,料浆在管道中以结构流的形式流动,似充填料浆为均匀浆体,料浆在管道或采场中不沉降、不离析、不分层、不脱水,其流动特性表现为在管道中无速度梯度和浓度梯度,如图 4-4 和图 4-5 所示。料将在管道中均匀流动,管中心沿半径向外速度逐渐递减,因此在沿管半径方向存在速度梯度。料浆输送依靠包裹在柱塞流周围,由细粒料浆成分形成的润滑层,其起到润滑的作用。

在模拟参数一致的情况下,浅井充填系统(L 形管道,充填倍线为 5)与深井充填系统(L 形管道,充填倍线为 2.3)的管道输送特性大致相同,两者的速度云图如图 4-4 所示,两者速度均为在管道中心最大,沿半径向外依次递减;弯管处由于料浆存在惯性,有保持其原有运动方向的趋势,料浆通过弯管时由于离心力作用会紧贴外侧管道滑动通过,两者料浆最大速度均向外侧偏移,弯管内侧速度较慢,如图 4-5 所示,因此管道外侧冲刷磨损较严重。而深井 L 形输送管道与深井台阶形输送管道的输送特性只有速度大小不一样,其他特性表现一致。台阶形输送管道三处弯管的料浆流动特性均一样,最大速度均向外侧偏移,内侧速度小,经水平段一段距离,速度逐渐回归正常。

(2) 压力分析

料浆在三种管道中存在明显的压力梯度,由进口向出口压力逐渐递减,进口处压力最大,出口处压力最小。在垂直管道中由于重力势能的存在,压力较大,又因为料浆具有一定

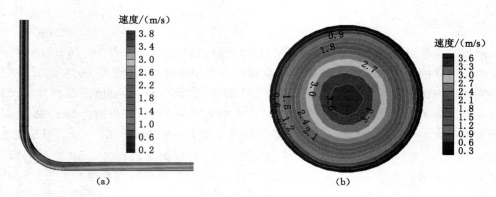

图 4-4　速度云图

（a）深井 L 形管速度云图；（b）出口横截面速度等值线图

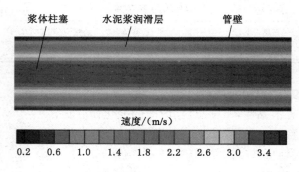

图 4-5　结构流速度云图

的黏度，管壁与料浆之间产生摩擦力，料浆在垂直管道中产生的重力势能被沿程阻力损失所消耗，压力逐渐减小，因此料浆在管道中存在压力梯度，如图 4-6 所示。水平段管道中心的动压大，靠近管壁动压小，这与速度的变化是一致的。

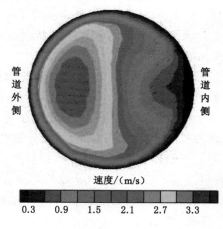

图 4-6　弯管截面速度云图

在自流充填系统中，料浆在管道中流动的动力来自于自身重力产生的势能，重力势能

$P = \rho g h$，h 越大重力势能越大，弯管所受的压力越大，由进口至弯管竖直管的压力分布呈线性增长分布，而水平管中由于沿程阻力损失，压力逐渐减小，因此管道的压力分布如图 4-7 所示。因为模拟时设弯管处的压力为零，所以最大压力与最小压力之差即为管道阻力损失，三种管道最大、最小压力及阻力损失如图 4-8 所示。弯管越多阻力损失越大，台阶形管道输送的阻力损失大于 L 形管道的阻力损失，因此充填系统中阶梯越多，越有利于充填压力的降低。当阶梯多到无穷极限时，充填系统演变为一斜线形式，这是充填系统最理想布置形式，系统所能提供的有效压力全部消耗在充填管道上，系统没有剩余压头[13]。

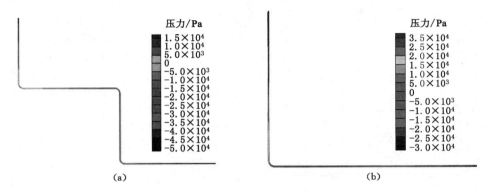

图 4-7　压力云图

(a) 台阶形管道；(b) L 形管道

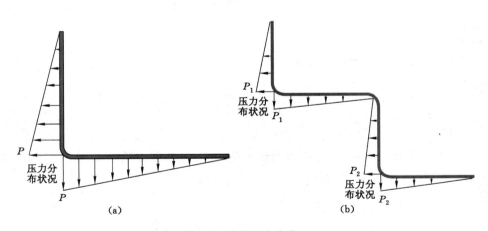

图 4-8　管道压力分布

(a) L 形管道；(b) 台阶形管道

4.2　长距离非满管胶结充填料浆流动特性

4.2.1　非满管流特征

在自流充填输送系统中，料浆在管道中流动的动力依靠垂直管道重力势能所提供。料浆输送有三种情况[14]，即满管流输送、非满管流输送和不能输送。假设充填管道的直径恒定,垂直高度为 H,水平管长为 L,料浆重度为 γ,沿程阻力损失为 i。

当 $\gamma H < i(H+L)$ 时,料浆在垂直管道产生的重力势能不足以克服其沿程阻力损失,系统处于不能输送状态;料浆堵塞在管道中不能流动,从而造成爆管等事故。

当 $\gamma H = i(H+L)$ 时,料浆在垂直管道产生的重力势能等于其沿程阻力损失,系统处于满管流状态;此时料浆连续、稳定地在管道中流动,这种输送是一种理想的输送方式,现实中很难实现,实践中只能采取一些降压措施来接近满管输送。

当 $\gamma H > i(H+L)$ 时,料浆在垂直管道产生的重力势能过剩,垂直段上部有一段料浆处于自由下落状态,系统为非满管流输送,如图 4-9 所示。

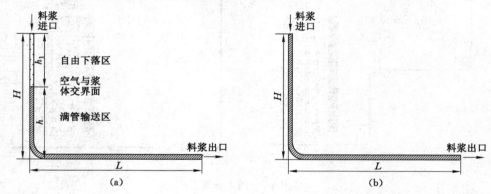

图 4-9　两种自流输送的管流模型
(a) 非满管流示意图;(b) 满管流示意图

4.2.2　非满管流胶结充填料浆流动机理

在深井长距离自流充填输送系统中,由于重力产生的静压头大于系统所需的沿程阻力损失,导致静压头过剩,料浆在管道中上下分为两种流态,系统垂直管段输送时并不是整体处于充满状态,而是上部一段处于自由下落区,下部一段为满管输送区。在自由下落区料浆脱离管壁,料浆在重力作用下,可近似看作加速运动,设料浆在管口的初速度为 v_1,到达空气与浆体交界面的速度为 v_2,自由下落区高度为 h_1,则有:

$$\frac{1}{2}(v_2^2 - v_1^2) = gh_1 \tag{4-1}$$

$$v_2 = \sqrt{2gh_1 + v_1^2} \tag{4-2}$$

考虑到料浆在管中自由下落区还存在一定的摩擦阻力,在此引入一个摩擦阻力系数 C,依据管道直径和管壁粗糙度决定,一般小于 1。C 取 0.8,初速度 $v_1 = 1.97$ m/s,当自由下落区的高度 h_1 为 25 m 时,$v_2 = 17.8$ m/s;当 h_1 为 50 m 时,$v_2 = 25$ m/s;当 h_1 为 100 m 时,$v_2 = 35.5$ m/s。在深井充填系统中若出现非满管流输送的情况,可见在自由下落区料浆输送到空气与料浆的交界面处的速度是非常快的,对交界面有一个非常大的冲击力,从而造成管道冲击破坏,寿命缩短,如不采取措施,这对充填系统非常不利,因此搞清非满管流的产生原因很有必要。

根据伯努利方程:

$$Z_1 + \frac{p_1}{\gamma} + \frac{v_1^2}{2g} = Z_2 + \frac{p_2}{\gamma} + \frac{v_2^2}{2g} + h_f \qquad (4\text{-}3)$$

式中，Z_1、Z_2、$\dfrac{p_1}{\gamma}$、$\dfrac{p_2}{\gamma}$ 分别表示单位质量流体流经 1、2 两点时所具有的位能和压能；$\dfrac{v_1^2}{2g}$、$\dfrac{v_2^2}{2g}$ 为单位质量流体流经 1、2 两点时的动能；h_f 表示单位质量流体流动过程中的能量损失；γ 为浆体重度。

因为流动中流量为恒定值，即速度为恒值，从而 $v_1 = v_2$；又 Z_1 与 Z_2 之差为竖直管高度 H，则式（4-3）可表示为：

$$\gamma H + p_1 = p_2 + \gamma h_f$$

由 $\Delta p = p_1 - p_2$，可得：

$$\Delta p = \gamma h_f - \gamma H \qquad (4\text{-}4)$$

在深井充填系统中，垂直管段落差较大，当在管道中由料浆重力产生的静压头大于系统中浆体流动的能量损失时，浆体作加速运动，流速逐渐增大，料浆在管中由原来的浆体柱状体逐渐被拉成不连续的分段体等散体向下运动。同时，在浆体由柱状体被拉成分段体的过程中，两者之间的间隔以真空形式而存在，管中压力呈现梯度分布，压力逐渐降低，当降低至饱和蒸汽压或者出现负压状态时，浆体开始汽化，发生相变，溶解在料浆中的空气因汽化而冒出，在管道中产生空气柱[6]，从而产生非满管流，此时，原固液两相流变成固液汽三相流。管中出现空化区，料浆在此处速度逐渐增大，对空气与料浆交界面产生冲击，同时相变过程中伴随着汽蚀、射流效应加快了管道的磨损。另外，由于料浆汽化，发生相变，使得料浆中水分减少，料浆干化、粗骨料堆积，从而造成堵管事故。

4.2.3　满管率影响因素敏感性分析

满管率即充填系统处于非满管流时，垂直管满管段高度与垂直管段总高度之比，即：

$$\varphi = \frac{h}{H} \qquad (4\text{-}5)$$

充填倍线即为充填系统管道总长度与进出口之间的垂直高度之比，通常表示为：

$$N = \frac{H + L}{H} \qquad (4\text{-}6)$$

满管率与充填倍线之间的关系可由式（4-5）、式（4-6）联立得：

$$\varphi = \frac{h(N-1)}{L} \qquad (4\text{-}7)$$

假设充填系统管道的垂直段与水平段的水力坡度相等，均为 i，由能量守恒定律得：

$$\gamma h = i(H + L) \qquad (4\text{-}8)$$

沿程阻力损失理论计算公式[15]：

$$i = \frac{16\tau_0}{3D} + \eta \frac{32v_m}{D^2} \qquad (4\text{-}9)$$

式中　τ_0——屈服应力，Pa；

　　　η——黏度系数，Pa·s；

　　　v_m——流速，m/s；

　　　D——管道直径，m。

由式(4-7)、式(4-8)和式(4-9)联立可得:

$$\varphi = \frac{i(N-1)}{\gamma - i} \tag{4-10}$$

由式(4-10)可知,满管率的两个主要影响因素为充填倍线 N 和水力坡度 i,水力坡度又与管径、速度等因素均有关,特此对满管率影响因素充填倍线、管径、速度进行多因素敏感性分析。多因素敏感性分析[16]可以通过无量纲化的敏感度函数 $S_k(\alpha_k)$ 求出敏感度因子 S_k^*,从而可对各影响因素之间的敏感度进行比较。

将特性 P 的相对误差 $\frac{\Delta P}{P}$ 与参数 α_k 的相对误差 $\frac{\Delta \alpha_k}{\alpha_k}$ 之比定义为 α_k 的敏感度函数 $S_k(\alpha_k)$:

$$S_k(\alpha_k) = \frac{\left|\dfrac{\Delta P}{P}\right|}{\left|\dfrac{\Delta \alpha_k}{\alpha_k}\right|} = \left|\frac{\Delta P}{\Delta \alpha_k}\right| \frac{\alpha_k}{P} \tag{4-11}$$

当 $\frac{\Delta \alpha_k}{\alpha_k}$ 较小时, $S_k(\alpha_k)$ 可近似表示为:

$$S_k(\alpha_k) = \left|\frac{\mathrm{d}f(\alpha_k)}{\alpha_k}\right| \frac{\alpha_k}{P} \tag{4-12}$$

由式(4-12)可绘出 α_k 的敏感度函数曲线 $S_k - \alpha_k$,取 $\alpha_k = \alpha_k^*$,则可得到参数 α_k 的敏感度因子 S_k^*, S_k^* 值越大,表明在基准状态下, P 对 α_k 越敏感。

满管率也可以表示为料浆沿程阻力损失与重力产生的压力之比,即:

$$\varphi = \frac{\Delta P}{\rho g h} \tag{4-13}$$

在数值模拟时将 L 形管道弯管处的压力设为 0,则最大压力与最小压力值之差即为阻力损失 ΔP,然后将阻力损失 ΔP 代入式(4-13),即可求得满管率。经数值模拟结果计算得出速度为 1.0、1.44、1.6、1.8、2.1、2.5 m/s 时满管率 φ 的值,由此画出 φ-v 曲线,如图4-10所示。

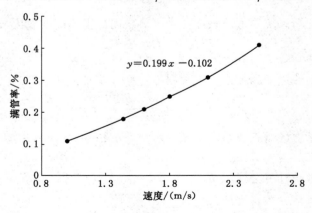

图 4-10 满管率随速度的变化

由式(4-9)、式(4-10)可得满管率与速度呈线性关系,拟合得到 φ 与 v 的关系式为:

$$\varphi = 0.199v - 0.102 \tag{4-14}$$

由式(4-12)得参数 v 的敏感度函数 $S(\varphi)$:

$$S(\varphi) = \left| \frac{\mathrm{d}\varphi(v)}{v} \right| \left| \frac{v}{\varphi} \right| = \left| \frac{0.199v}{0.199v - 0.102} \right| \tag{4-15}$$

将速度基准值 v^* 代入式(4-15)，即得到参数 v 的敏感度因子 $S_v^* = 1.55$；同理可求得充填倍线 N 以及管径 D 的敏感度因子分别为 0.45、0.89。速度的敏感度因子最高，充填倍线的敏感度因子最小。当速度增大 50% 时，满管率增大 0.775 倍；而当充填倍线增大 50% 时，满管率仅增大 0.225 倍。因此，在选择充填系统参数时对入口速度和管径需谨慎选择。

4.2.4　非满管流空化现象数值模拟

对非满管流的数值模拟，建立长 15 m 的竖直管道平面二维模型，进出口分别设为速度进口、压力出口，入口速度设为 1.97 m/s。水力空化数值模拟通常采用多相流模型中的混合模型[17]，因此多项流模型选择混合模型，湍流模型选用 SST 模型，充填料浆设为主相，水蒸气设为次相，水的饱和蒸汽压设为默认值 3 540 Pa，表面张力为 0.072 N/m。

(1) 非满管流中料浆含量分析

通过模拟的料浆含量云图(图 4-11)可以看出，料浆从进口流入，经过一段很短距离，管中产生空化现象。空化是一种复杂的流体动力现象，是液体所特有的[17]。当流场中某处的局部压力低于该处饱和蒸汽压力时，不仅溶在液体中的气体会逸出，而且液体也开始汽化，发生相变，在液体中形成许多水蒸气或气体空穴，产生大量水蒸气，在管道空化段水蒸气占据了大部分空间。在管道入口发生空化的初始段，由料浆含量云图可看出料浆开始流动时由整体柱状被拉成小段呈下凸形，在被拉开的空隙中充满水蒸气；在下端水蒸气与料浆交界面处，因为料浆在空化段以小片段的形式做自由落体运动，从而料浆在交界面管中心处不断堆积，因而在交界面处料浆含量云图形状呈上凸形，中心处料浆含量多，交界面处及两端靠近管壁处料浆与水蒸气共存。从料浆含量云图可看出在空化段气相的最大体积分数可达 99%。当料浆片段在空化段下落过程中，粒径大的物料速度快，冲在最前面，当料浆经过交界面再次还原为整体柱状浆体时，料浆的粗细骨料分布不均匀，同时在下落过程中，浆体中水发生相变以及水分的逸出，会造成粗骨料的堆积、料浆干化，从而会造成堵管。

(2) 非满管流速度场分析

非满管流与满管流模型在管径、长度相同，入口速度同为 1.97 m/s 的条件下，从速度云图(图 4-12)来看，非满管流速度场与满管流速度场有很大差异，料浆在管道产生空化的区域速度逐渐增大，在此区域料浆近似作加速度逐渐减小的自由落体运动，最大速度出现在靠近浆体与空气交界面附近，可达 10.8 m/s，远大于入口速度 1.97 m/s，由于料浆到达交界面时流向发生突然转变，料浆对管壁的法向冲击力非常大。而在满管流速度场中料浆始终以结构流的形式流动，最大速度只有 2.65 m/s，远小于非满管流中的最大速度。在非满管流速度场中靠近进口和出口段料浆流动稳定，以柱塞流形式流动。

根据能量守恒定律可以得到竖直管中空化段高度 h_1 计算公式：

$$h_1 = H - \frac{iL}{\gamma - i} \tag{4-16}$$

式中　i——水力坡度；

　　　γ——浆体重度；

　　　H——竖直管总长度；

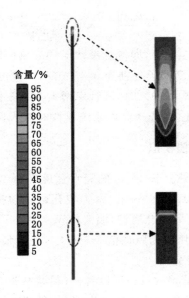

含量/%

图 4-11　料浆含量云图

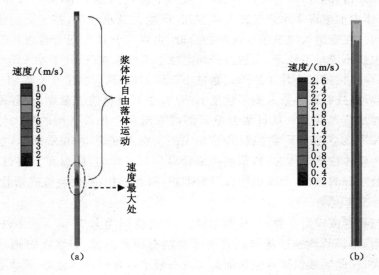

图 4-12　速度云图

(a) 非满管流速度云图;(b) 满管流速度云图

L——充填系统水平管道长度。

由前面模拟得到的深井 L 形管道的水力坡度 i＝3 240 Pa,将各参数代入式(4-16)得到空化段高度为 10.8 m。空化段高度可由数值模拟结果云图经测量,用相似比换算而得。

(3)非满管流压力场分析

由模拟得到的压力云图 4-13 可看出,在空化区域,压力保持在水的饱和蒸汽压附近,当管内压力大于水的饱和蒸汽压时,水蒸气又会液化成水,空化区域外管中压力仍存在压力梯度。

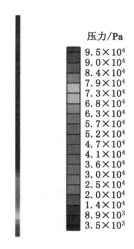

图 4-13　压力云图

4.2.5　非满管胶结充填料浆流动特性

（1）满管流与非满管流对比

以尾砂充填料浆为例,其尾砂基础参数见表 4-1、表 4-2 以及图 4-1。基于建立的深井、浅井 L 形以及台阶形充填管道模型,通过模拟对比分析得出,在满管条件下三种充填管道管流特性一致。料浆在管道中均以结构流的形式流动,通过弯管时由于离心力作用会紧贴外侧管道滑动通过,两者料浆的最大速度均向外侧偏移,弯管内侧速度较慢,经水平段一段距离,速度逐渐回归正常。

从图 4-14 满管流与非满管流速度沿管道长度的分布可看出,满管流时管中速度较稳定,波动小,从入口处速度为 1.97 m/s 迅速增大到 2.65 m/s,并以此速度向下流动;而非满管流速度从入口处逐渐增大,同时不断压缩其下部的空气,料浆因此受到气体的阻力,阻力逐渐增大,加速度则逐渐减小,在交界面附近处速度达到最大值 10.8 m/s,此时料浆加速度为 0,料浆重力与空气阻力达到平衡,速度达到稳定值,到达交界面,速度迅速减小后又保持在 3.5 m/s 向下流动。由此可看出,在相同初始条件下,非满管流时速度波动大且大于满管流的速度,这正是因为非满管流管中的静压头未消耗完,剩余压力大,致使管中料浆速度增大。

（2）空化高度与速度和管径的关系

非满管流是深井长距离充填管道磨损破坏的重要原因之一,非满管流中空化段高度越大,料浆在管中速度越快,管道磨损越严重,因此,减小空化段高度,提高满管率对充填实践至关重要。由图 4-15 空化段高度与料浆速度关系得,空化段高度随料浆速度的增大而减小,料浆入口速度为 1.11 m/s 时,空化段高度可达 11.8 m,这是因为料浆入口速度增大,沿程阻力损失增加,剩余压头少,料浆在管中流速也随着减小,从而导致满管率增加,空化段高度减小。由图 4-16 知,空化段高度随着管径的增大而增大,同样,管径增大,料浆沿程阻力损失减小,管中剩余压头多,料浆流速增大,满管率减小,空化段高度增加。

（3）空化高度与尾砂粒径关系

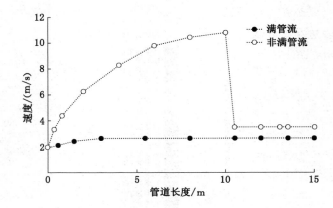

图 4-14　满管流与非满管流沿管道长度的速度分布

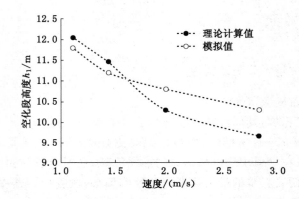

图 4-15　空化段高度与料浆速度关系(管径为 120 mm)

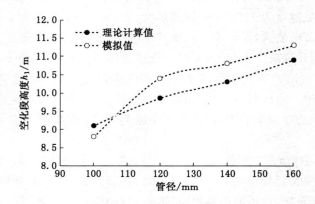

图 4-16　空化段高度与管径的关系(入口速度为 1.97 m/s)

料浆粒径是影响其力学性质的一个重要参数,根据金川水力坡度计算公式[15]:

$$i_{\mathrm{p}} = 1.2 i_{\mathrm{w}} \left\{ 1 + 108 m_{\mathrm{i}}^{3.95} \left[\frac{gD(\rho_{\mathrm{s}} - 1)}{v^2 C_{\mathrm{x}}^{0.5}} \right]^{1.12} \right\} \tag{4-17}$$

$$C_{\mathrm{x}} = \frac{4(\rho_{\mathrm{s}} - \rho_{\mathrm{w}})gd_{\mathrm{s}}}{3\rho_{\mathrm{w}}v_{\mathrm{s}}^2} \tag{4-18}$$

式中　i_p——料浆输送水力坡度；

　　　i_w——清水输送水力坡度；

　　　m_i——料浆体积浓度；

　　　D——管径；

　　　ρ_s, ρ_w——固体颗粒和水的密度；

　　　C_x——颗粒运动阻力系数；

　　　d_s——固体颗粒的直径。

由式(4-17)和式(4-18)得料浆中尾砂粒径越大,颗粒运动阻力系数就越大,而水力坡度则越小。因为固体颗粒粒径越小,固体颗粒与管壁的接触面积就越大,另外,颗粒粒径越小料浆的黏度越大,从而粒径越小料浆在管道中的阻力损失就越大。而料浆在管中阻力损失越大,消耗的能量则越多,从而空化高度减小。

4.3　胶结充填料浆固-液两相流电阻层析成像仿真

管道输送与铁路、公路、航空、水运一起是现代运输业的五大运输方式[18]。其中,料浆管道输送是以液体(通常为水)作为载体通过管道输送颗粒状物料的输送方式。颗粒状物料包括:金属矿山和非金属矿山的精矿和尾矿、火力发电厂的粉煤灰、洗煤厂的粉煤、坑内开采的充填尾砂和水利工程的泥沙等,它们与水的混合物即为料浆[19]。

特别在矿山的尾矿回填技术中,以尾矿砂等各种充填材料为浆体的长距离管道输送技术,是突破传统充填技术瓶颈实现采空区安全清洁高效充填的重要技术载体。通过管道输送将全部的尾矿砂填回地下,不仅能够实现尾矿的零排放,解决尾矿库库容不足,消除尾矿在地表产生的环境污染,同时可以解决由于矿物开采所带来的地表沉陷问题[20]。

随着技术的进步和对充填材料性能越来越高的要求,充填浆体已经从过去简单的体积性添加发展为功能性添加,通过充填材料优化配比,获得最佳的胶结充填料浆工作性能,并提高充填体的物理力学性能和耐久性等[21]。

已有学者研究表明,采用废石尾砂胶结充填材料代替全尾砂胶结充填材料,要求废石集料的不同粒级能相互充填,即小粒径的集料刚好能充填较大粒径集料的孔隙,可以使充填体获得更好的强度[22]。

但是,随着不同粒径的废石的加入,不仅加重了固体物料对充填管道的磨损,而且较大粒径的废石会大大增加充填管道的堵管概率,从而给矿浆管道带来很大的安全隐患。美国的黑迈萨输煤管道、我国昆明盐矿管道在投产初期分别由于粒度组成不合理和晶体逐步析出而发生过堵管事故[23]。图 4-17 为我国某金属矿山发生的充填管道堵塞事故。

为了减低检测成本避免盲目开挖,发展管道可视化检测技术是各国研究的热点问题[24]。电阻层析成像技术(Electrical Resistance Tomography,ERT),适用以导电介质为连续相的两相流或多相流的可视化测量[25,26]。即要求待测流体各相分布之间具有明显的电导率的差异。而且,ERT 技术所建立的测量敏感场呈非线性,具有典型的"软场"效应。这严重地影响 ERT 图像重建的质量,制约 ERT 技术在液-固两相流检测中的应用。同时,为了克服 ERT"软场"特性,实现充填管道的可视化检测,本章主要展开以下研究:① 设计正交实验,分析废石尾砂胶结充填料浆浓度、粒径、废石尾砂比对充填浆体电导率的影响;

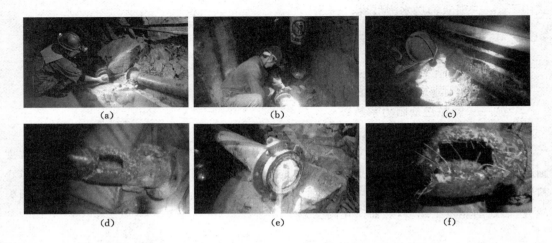

图 4-17　胶结充填输运管道堵塞与爆管

② 根据实验结果，采用有限元方法建立 16 电极 ERT 传感器模型，以检测灵敏度为媒介，分析废石的粒径、位置对 ERT"软场特性"的影响；③ 采用线性反投影算法，对正交实验的 9 组流形进行反演成像。

4.3.1　电阻层析成像技术

断层成像技术最早于 19 世纪提出，是层析成像技术的前身，其数学基础为不完全的雷当变换[27]。随后许多科学家与研究学者如 Bocage，Ziedses des Plantes，Grosseman 与 Watson 等人以 X-射线为工具进行了大量早期的测量成像研究。1979 年，Godfrey Hounsfield 与 Allen Cormack 凭借在 X-射线断层层析成像技术中的突出贡献被授予诺贝尔奖[28]。20 世纪 70 年代，随着计算机与传感器技术的发展，生物医学领域的研究者提出了圆形电极阵列的断层电阻率测量技术（Tomographyc Resistivity Technique），并希望可以找到一种快速、安全、低成本的检测技术，来取代基于 X 射线的 CT（Computer Tomography）技术，20 世纪 80 年代断层电阻率测量技术被移植于工业检测领域，发展成为电学过程层析成像技术（Process Tomography）的一种，被称为电阻层析成像技术。

典型的 ERT 系统如图 4-18 所示，主要包括 3 个单元：电阻传感器（电极阵列）单元、测量及数据采集单元、计算机图像重建单元（主控计算机）。电阻传感器感知被测物场内不同介质的电导率分布信息，测量及数据采集单元测量并采集传感器所获得的信息，传送至计算机，计算机根据一定的算法重建出被测物场内介质分布图像。

4.3.2　ERT 的数学模型

ERT 的数学模型分为正问题与反问题。ERT 正问题：已知敏感场内的电导率分布，通过边界条件求解敏感场内电势分布。根据电磁场理论和麦克斯韦方程，ERT 敏感场内的任意一点满足下式。

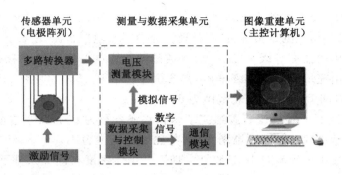

图 4-18　典型 ERT 系统的构成

$$
\begin{cases}
\nabla \cdot (\sigma \cdot \nabla \varphi) = 0 & \text{在场域内} \\
\displaystyle\int_{S_1} \sigma \frac{\partial \varphi}{\partial n} \mathrm{d}s = + I & \text{在激励电极处} \\
\displaystyle\int_{S_2} \sigma \frac{\partial \varphi}{\partial n} \mathrm{d}s = - I & \text{在测量电极处} \\
\left. \dfrac{\partial \varphi}{\partial n} \right|_{S_3} = 0 & \text{其他}
\end{cases}
\tag{4-19}
$$

其中　I——激励电流；

σ——电导率；

φ——敏感场内电势分布；

S——边界外法向量。

ERT 反问题为：已知边界测量电压信息，通过一定的图像重建算法，重建被测物场内电导率的分布。根据雷当变换的原理，ERT 反问题求解方程满足下式。

$$
\sigma = S(x, y) \cdot U
\tag{4-20}
$$

式中，σ 为重建的电导率；$S(x, y)$ 为归一化的灵敏度矩阵，与敏感场内实际电导率分布有关；U 为归一化的边界测量电压。经过离散化并忽略了"软场"特性后式（4-20）可化为：

$$
\sigma = S \cdot U
\tag{4-21}
$$

显然，S 表征 U 与 σ（重建图像）之间的映射关系。所以基于式（4-21）所设计的图像重建算法，都无法避免由"软场"特性带来的测量误差。

4.3.3　不同类型废石尾砂胶结体强度比较实验

废石尾砂胶结充填料浆由废石、尾砂、胶结剂（水泥）、水按一定配比混合而成。不同的料浆浓度、废石粒径、废石尾砂比均会对料浆的电导率产生影响。

充填材料中废石为安庆铜矿井下掘进自然级配废石。其成分包含大理岩和闪长岩。两者选择依据为充填体的强度越大越好。为确定废石类型，对含大理岩、闪长岩两种不同类型废石的胶结体强度作比较实验。

实验条件如下：充填料水泥含量（即水泥量占充填材料干质量百分比）为 6%，料浆浓度为 70%，实验选择圆柱体试模，其直径为 152 mm，高为 304 mm，试块放置在相对湿度大于 92%，温度 20±2 ℃条件下养护 28 d，然后测其抗压强度。

实验配比如下:废石尾砂比:85％/15％、80％/20％、70％/30％、60％/40％、50％/50％、30％/70％、0％/100％。测试指标:抗压强度。充填料浆包括水泥、废石、尾砂和水。水泥选择安庆铜矿充填用的强度等级为32.5的普通硅酸盐水泥。废石剔除粒径大于50 mm废石。尾砂选择矿山充填所用的分级尾砂,其含水率控制在15％～18％,pH为7～9。水为矿山充填所用的工业用水,pH变化范围为8～11。

实验结果如表4-5所示,废石胶结充填体在水泥含量为6％、料浆浓度70％条件下,其水灰比随废石尾砂比的减小而逐渐增大,水灰比变化范围为1.30～6.48,胶结充填体密度随着废石含量的减小也逐步减小,且胶结大理岩充填体密度在同样条件下略大于闪长岩胶结体的密度。在相同废石尾砂比条件下,大理岩胶结充填体抗压强度均高于闪长岩胶结体强度,且两者强度相差值随着废石含量的增加逐渐增大。

表 4-5 大理岩和闪长岩废石胶结体强度比较

充填类型 (废石/尾砂)	水灰比	试样直径 /mm	大理岩		闪长岩	
			密度/(kg/m³)	抗压强度/MPa	密度/(kg/m³)	抗压强度/MPa
85/15	1.30	152	2 552	2.502	2 474	2.235
80/20	1.61	152	2 505	2.017	2 443	1.460
70/30	2.22	152	2 485	1.174	2 399	0.934
60/40	2.83	152	2 400	1.058	2 352	0.827
50/50	3.44	152	2 344	0.744	2 314	0.708
30/70	4.65	152	2 240	0.463	2 233	0.441
0/100	6.48	152	2 132	0.255	2 143	0.255

从图4-19可看出,两种废石胶结体强度均随充填集料中废石含量的增加而增大。且在相同条件下,含大理岩的充填体强度高于含长闪岩的充填体强度。由实验结果,选择大理岩作为废石,进行废石尾砂胶结充填料浆电导率变化实验。

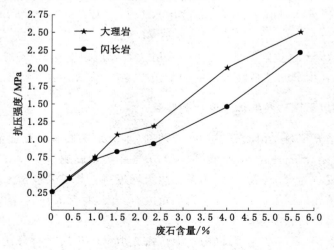

图 4-19 两种类型的废石胶结充填体强度比较

实验所选的废石大理岩的主要成分为 SiO_2，可视为不导电物质，尾砂的化学成分如表 4-6 所示。从表 4-6 可以看出，尾砂中含有多种可电离的金属离子，其含量的多少势必引起料浆电导率的变化。

表 4-6　　　　　　　　　　　　尾砂化学成分分析结果

成分	TFe	SiO_2	Al_2O_3	CaO	Cu	S
含量/%	12.57	40.02	4.17	24.07	0.11	1.68

4.3.4　基于正交实验的废石尾砂胶结充填料浆电导率变化实验及结果分析

采用正交实验设计分析料浆浓度、废石粒径、废石/尾砂比 3 个因素对废石尾砂胶结充填料浆的电导率的影响。所有 9 个实验，水泥占固体材料的比重为 6%，因素-水平表如表 4-7 所示。

表 4-7　　　　　　　　　　　　因素-水平表

	料浆浓度/%	粒径/mm	废石/尾砂
1	50	<10	30/70
2	60	10~25	50/50
3	70	25~50	70/30

其他实验条件如下：实验温度为室温 25 ℃，料浆充分混合后搅拌均匀，静置于半径 200 mm 的透明有机玻璃管中。实验测定料浆电导率的仪器为 Gro Line-HI98331 土壤电导率测试仪，其测量范围 0.00~4.00 mS/cm，测量精度 0.01 mS/cm。

正交实验结果如表 4-8 所示，K_1、K_2、K_3 为每一个因素水平的 3 个实验的电导率测试结果的平均值。R 为 K_1、K_2、K_3 中最大值与最小值之差，称为极差。极差越大，说明该因素对电导率影响越大。因此，对充填料浆电导率影响最大的因素是废石/尾砂比。

表 4-8　　　　　　　　　　　　正交实验结果

实验号	浓度/%	粒径/mm	废石/尾砂	电导率/(mS/cm)
1	50	<10	30/70	1.8
2	50	10~25	50/50	2.4
3	50	25~50	70/30	3.8
4	60	<10	50/50	2.7
5	60	10~25	70/30	2.6
6	60	25~50	30/70	2.15
7	70	<10	70/30	2.9
8	70	10~25	30/70	2.5
9	70	25~50	50/50	1.7
K_1	2.67	2.46	2.15	
K_2	2.48	2.50	2.27	
K_3	2.36	2.55	3.1	
R	0.31	0.09	0.32	

由于 ERT 技术适用于以导电介质为连续相的两相流检测,所以料浆的电导率越大,ERT 系统图像重建效果越好。因此,K_1、K_2、K_3 的最大值所对应的水平最好。最优组合为:浓度 50%,粒径 25~50 mm,废石/尾砂比 70/30。

4.3.5 充填浆体废石所在位置对 ERT"软场"特性的影响

所谓"软场"是指 ERT 敏感场的检测灵敏度分布是不均匀的,敏感场的检测灵敏度分布受被测介质的分布(位置)与两相介质电导率的差值影响。

对 ERT"软场"特性的研究,采用有限元方法定量计算灵敏度。假设敏感场被剖分为 m 单元,定义第 i 次激励第 j 次测量时,单元 e 电导率变化的灵敏度满足下式[10]。

$$S_{i,j}(e) = \frac{V_{i,j}(e) - V_{i,j}^{h}}{V_{i,j}^{l} - V_{i,j}^{h}} \cdot \frac{1}{\sigma_h - \sigma_l} \cdot \mu(e) \tag{4-22}$$

式中,$V_{i,j}(e)$ 为当单元 e 为低电导率 σ_l,其他单元均为高电导率 σ_h 第 i 次激励、第 j 次测量时的边界电压;$V_{i,j}^{h}$ 为所有单元均为高电导率第 i 次激励、第 j 次测量时的边界电压;$V_{i,j}^{l}$ 为所有单元均为低电导率 σ_l 第 i 次激励、第 j 次测量时的边界电压;$\mu(e)$ 为与单元 e 的面积/体积(二维/三维)有关的修正因子。

胶结充填料浆固-液两相流电阻层析成像过程中,采用有限元方法建立 16 电极 ERT 传感器模型。如图 4-20 所示,管道半径 200 mm,ERT 传感器包括 16 个电极,敏感场剖分 625 个节点,1 152 个单元。充填料浆电导率为 3.8 mS/cm,废石电导率为 0 mS/cm。

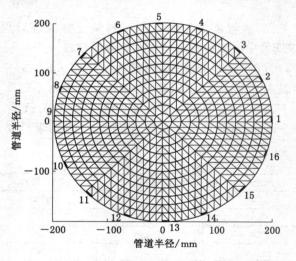

图 4-20　16 电极 ERT 传感器电极分布

废石所在不同位置对电导率的影响如图 4-21 所示。显然,废石位置处于敏感场的边缘时,ERT 检测灵敏度最高;废石位置处于敏感场的中心时,ERT 检测灵敏度最低。

4.3.6 图像重建结果与分析

为验证电阻层析成像技术对废石尾砂胶结充填料浆进行可视化检测的有效性,采用线性反投影算法对 4.3.4 节正交实验的 9 组图像进行仿真图像重建。图 4-22 为正交实验中 9 组流形分布照片。

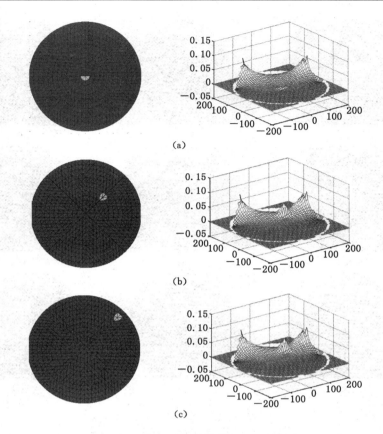

图 4-21　废石所在位置对软场特性的影响（单位：mm）

(a) 第一组实验；(b) 第二组实验；(c) 第三组实验

图 4-23 为根据实验所测得的电导率与真实流形分布所建立的 9 组有限元仿真模型。仿真模型中深色代表混合料浆中固相废石的大小与位置，其电导率设为 0 mS/cm。浅色代表混合料浆中的连续液相电导率设置与正交实验结果一致。

ERT 图像重建算法分为直接法和迭代法两种[28]。直接法成像速度快但成像精度不高。迭代法成像精度较高，但算法耗时时间很长，无法满足两相流实时检测的需求。本章采用线性反投影算法——目前速度最快的图像重建算法[29]，对图 4-23 中的 9 种流形分布进行图像重建，结果如图 4-24 所示。

从成像结果可以明显看出，实验 1、实验 2、实验 3、实验 4 的图像重建效果较好，可以正确反映出废石的大小及在管道测量界面内所处位置。原因在于这 4 幅图像中废石基本处于测量界面的边缘处，其检测精度较高。实验 6 与实验 9 图像重建效果较差，只能大概反映出废石在管道测量界面内所处位置，而废石大小与数量无法辨别。原因在于这 2 幅图像中废石基本处于测量界面的中心处，其检测精度较低。实验结果，与 4.3.5 小节对软场特性的分析一致。

采用废石尾砂胶结充填材料代替全尾砂胶结充填材料，可以使充填体获得更好的强度，但是加重了充填浆体管道输送的难度，并且增加了充填料浆在传输过程中的堵管概率。发展一种针对废石尾砂胶结充填浆体液-固两相流的无损可视化检测方法，是具有重要科学意

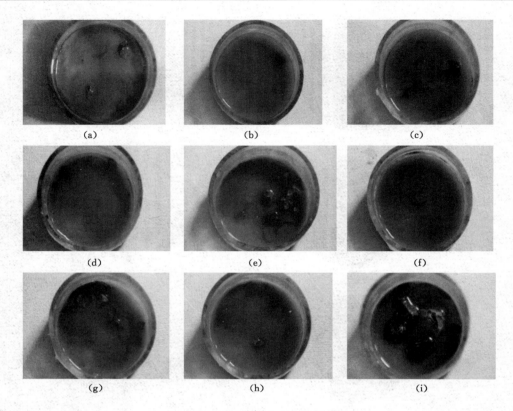

图 4-22　正交实验中 9 组流形分布
(a) 实验 1;(b) 实验 2;(c) 实验 3;(d) 实验 4;
(e) 实验 5;(f) 实验 6;(g) 实验 7;(h) 实验 8;(i) 实验 9

义与工程应用前景的研究工作。为了实现对废石尾砂胶结充填浆体液-固两相流的管道输送过程进行可视化检测,主要展开如下工作,并获得相关研究成果:

(1) 通过正交实验设计,分析废石尾砂胶结充填料浆浓度、粒径、废石尾砂比对充填浆体电导率的影响。实验表明:混合浆体的浓度越小,混合浆体的电导率越高;废石粒径越大,混合浆体的电导率越高;废石尾砂比越高,混合浆体的电导率越高。在大理岩与闪长岩两种不同类型废石尾砂胶结体强度比较实验中,可以得到废石粒径越大、废石尾砂比越高,可以获得更好的填充强度。混合浆体液-固两相的电导率差值越大,越适合采用电阻层析成像技术检测。

(2) 根据实验结果,采用有限元方法建立 16 电极 ERT 传感器模型,以检测灵敏度为媒介,分析了废石的粒径、位置对 ERT"软场特性"的影响。实验表明:废石处于检测敏感场边缘地区检测敏感度高,成像质量较好;废石处于检测敏感场中心区检测敏感度低,成像质量较差。

(3) 采用线性反投影算法,对正交实验的 9 组流形进行反演成像。实验结果表明,重建图像可以准确地反映废石在检测平面所处位置。

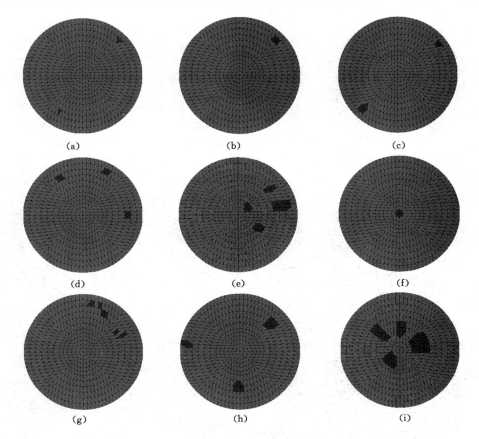

图 4-23　有限元仿真模型

(a) 实验 1;(b) 实验 2;(c) 实验 3;(d) 实验 4;
(e) 实验 5;(f) 实验 6;(g) 实验 7;(h) 实验 8;(i) 实验 9

4.4　本章小结

基于数值模拟分析了在满管条件下三种充填管道料浆的流动特性以及非满管流的空化现象,通过流体力学理论分析了产生非满管流的原因,并采用多因素敏感性分析方法对满管率的影响因素进行敏感性分析。结果表明:在满管流条件下深井与浅井 L 形充填管道料浆的管流特性相同,而非满管流的最大速度出现在空化段,远大于进口速度,同等条件下,非满管流的管中流速大于满管流管中的流速;影响满管率的主要因素:速度、管径以及充填倍线的敏感度因子分别为 1.55、0.89、0.45;另外,料浆在空化段由最初的整体柱状流动变为不连续的分段体或者小团体向下作加速度逐渐减小的加速流动,其空化段压力保持在水的饱和蒸汽压值附近;空化段高度与管径、尾砂粒径呈正比,而与速度呈反比关系。研究结果可为深井长距离充填系统可靠运行提供一定参考依据。

对充填管道内部液-固两相流进行可视化检测,是一项亟待解决的世界性难题。电阻层析成像技术可以对多相流的电导率分布进行反演成像,适用于充填管道液-固两相流的可视

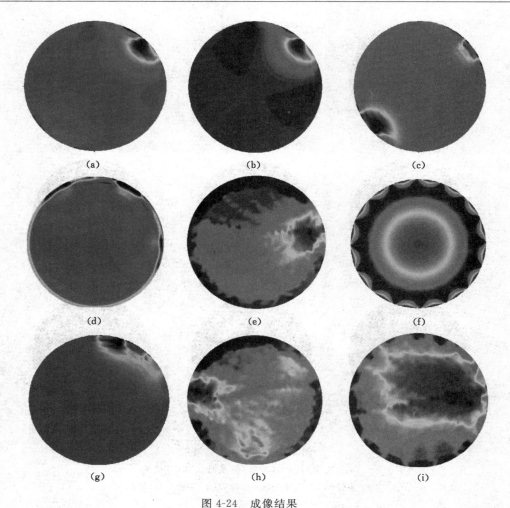

图 4-24 成像结果

(a) 实验 1；(b) 实验 2；(c) 实验 3；(d) 实验 4；(e) 实验 5；(f) 实验 6；(g) 实验 7；(h) 实验 8；(i) 实验 9

化检测。通过正交实验设计，分析废石尾砂胶结充填料浆浓度、粒径、废石尾砂比对充填浆体电导率的影响。根据实验结果，采用有限元方法建立 16 电极 ERT 传感器模型，以检测灵敏度为媒介，对 ERT "软场" 特性进行深入研究。分析了废石所在位置对 ERT 检测灵敏度的影响。最后采用线性反投影算法，对正交实验的 9 组流形进行反演成像，实验结果表明重建图像可以准确地反映废石在检测平面所处位置。研究成果为电阻层析成像技术在充填管道液-固两相流的可视化检测中的应用奠定了基础。

参 考 文 献

[1] 徐东升. 深井充填管道输送系统减压技术探讨[J]. 矿业快报, 2007(02): 25-28.

[2] 张钦礼, 刘奇, 赵建文, 等. 深井似膏体充填管道的输送特性[J]. 中国有色金属学报, 2015(11): 3190-3195.

[3] 古德生. 地下金属矿采矿科学技术的发展趋势[J]. 黄金, 2004(01): 18-22.

[4] 王新民.基于深井开采的充填材料与管输系统的研究[D].长沙:中南大学,2006.

[5] 李锦峰,王雪.深井似膏体充填管道输送特性研究[J].云南冶金,2015(05):1-5,25.

[6] 戴兴国,李岩,张碧肖.深井膏体降压满管输送数值模拟研究[J].黄金科学技术,2016 (03):70-75.

[7] 张德明,王新民,郑晶晶,等.深井充填钻孔内管道磨损机理及成因分析[J].武汉理工大 学学报,2010(13):100-105.

[8] 刘晓辉,吴爱祥,王洪江,等.深井矿山充填满管输送理论及应用[J].北京科技大学学 报,2013(09):1113-1118.

[9] 韩文亮,张志平.长距离输送管道中的真空不满流及其预防[J].金属矿山,1994(11): 48-52.

[10] 孙恒虎.当代胶结充填技术[M].北京:冶金工业出版社,2002.

[11] 林天埜.矸石似膏体充填料浆流动性能研究[D].北京:中国矿业大学(北京),2016.

[12] 赵汉中.工程流体力学[M].武汉:华中科技大学出版社,2005.

[13] 姚振巩.深井充填管道输送系统优化研究[J].矿业研究与开发,2008(02):7-9,53.

[14] 王新民.深井矿山充填理论与技术[M].长沙:中南大学出版社,2005.

[15] 刘同有.充填采矿技术与应用[M].北京:冶金工业出版社,2001.

[16] 郑光文,张雷,白凤梅,等.基于数值模拟的圆锥套圈热辗扩塌角参数敏感性分析[J]. 热加工工艺,2013(13):109-111.

[17] 刘英平,张宁宁.水力空化数值模拟[J].今日科苑,2009(10):63-64.

[18] 姜圣才,成秉任,温春莲.浆体管道输送技术在冶金矿山的应用前景[J].水力采煤与管 道运输,2011(2):1-3.

[19] 费祥俊.浆体的物理特性与管道输送流速[J].管道技术与设备,2000(1):1-4.

[20] 安建,普光跃,黄朝兵,等.铁精矿管道输送中固体运量的智能计量[J].金属矿山, 2010,39(2):114-116.

[21] 宁德志.沉降性浆体倾斜管道水力坡度的研究[D].阜新:辽宁工程技术大学,2002.

[22] Hosseinis,Kumardp,Mozaffarife,et al. Study of solid-liquid mixing in agitated tanks through electrical resistance tomography[J]. Chemical Engineering Science,2010,65 (4):1374-1384.

[23] Wang Pai,Guo Baolong,Li Nan. Multi-index optimization design for electrical resist- ance tomography sensor[J]. Measurement,2013,46(8):2845-2853.

[24] 郭红星,余胜生,保宗悌,等.电容层析成像的电场分布与反演[J].电子学报,2002,30 (1):62-65.

[25] 李英,黄志尧,王保良,等.两相流检测 18 电极 ERT 系统软场特性研究[J].浙江大学 学报(自然科学版),2002,36(5):478-481.

[26] 赵玉磊,郭宝龙,吴宪祥,等.基于双粒子群协同优化的 ECT 图像重建算法[J].计算机 研究与进展,2014,51(9):2094-2100.

[27] 赵进创,刘金花,黎志刚,等.改进敏感场的电容层析成像图像重建算法[J].计算机工 程与应用,2012,48(4):167-169.

[28] 李婷.矿浆管道水力输送动力特性研究[D].武汉:武汉理工大学,2013.

第 5 章　胶结充填料浆的流变特性

随着金属矿产资源开发过程节能减排及环保要求日益严格,绿色/无废/清洁采矿是未来矿业发展的必然趋势。金属矿尾砂胶结充填技术是清洁采矿的重要组成部分,是深部地下矿床开采的最佳选择和必然发展方向,也是实现矿床安全清洁高效开采的重要技术载体[1]。矿山充填材料的流变特性是影响充填材料流动、工作性能、充填体长期强度和长期变形稳定性的关键因素,也是矿山充填材料和充填工程的重要研究课题。胶结充填材料的流变性质与其组分间相互作用、相形态密切相关,其流变响应可准确反映形态结构的变化,由于非均相体系的流变特性的多样性、复杂性,近年来相特性、形态、结构与流变特性的关联成为多组分充填材料研究领域的热点之一。尤其是,随着大量新型充填材料的不断出现,对于材料流变性质与功能特性(如强度、流动性、弹性、形变和断裂特性等)相关联的研究也已引起极大关注。近年来,在国内外学者的共同努力之下,充填工艺及技术得到了长足发展,然而以往的研究太偏重于工艺而忽略了充填基础理论研究,从而导致很多问题的研究难以触及本质,严重制约着充填材料、技术和工艺的革新。究其原因:① 充填材料在充填运移过程中从流态逐渐变为固态,在固化过程中充填材料的流变特性随着时间是变化的,而现阶段利用实验室测定的充填材料剪切应力应变、黏度和坍落度来表征充填材料的流变特性,所获取的流变参数不足以指导充填系统设计;② 研究主要集中在宏观层次上,微/细观层次研究较少且尚不成熟,主要限于定性方面的研究,不能很好地揭示充填材料流变形成的物质因素、物理机制以及控制因素等问题;③ 在过去长期的研究中,对充填材料力学性能的研究多基于宏观模型,将充填材料看作均匀连续和各向同性介质,从而无法揭示充填材料内部结构、组成与宏观力学性能之间的关系,不能客观合理地解释充填体内部裂纹扩展规律及静、动态破坏物理机理。由此可知,研究矿用胶结充填材料的流动与变形特性是非常有必要的。

5.1　胶结充填料浆流变参数量测装置与方法

5.1.1　坍落度实验

坍落度是高浓度料浆充填研究中从混凝土借用的一个概念,主要表征高浓度充填料浆流动性能。坍落度高低直接反映高浓度料浆的流动状态和摩擦阻力大小。经研究证实,坍落度值主要取决于料浆中固体颗粒的级配和料浆浓度。它的力学含义是料浆因自重而流动、因内部阻力而停止的最终变形量。它的大小直接反映料浆流动性的好坏与流动阻力的大小:坍落度值越大,料浆流动性能越好,料浆流动阻力越小;充填料浆研究通过测定阻力损失随坍落度的变化情况证实:当坍落度低于 15~17 cm 时,阻力损失随坍落度的降低而增加的速度变快,因此,通常对于泵送的高浓度充填料浆的坍落度值适宜保持在 15~20 cm。常见的矿山充填料浆坍落度实验的坍落筒有三种：

（1）ASTM 锥形坍落筒

标准坍落筒见图 5-1，具体尺寸为：底部直径 200 mm，顶部直径 100 mm，桶高 300 mm。

图 5-1 ASTM 锥形坍落筒

（2）柱形坍落筒

Murata 等[2]针对高浓度充填料浆，引入圆柱坍落筒进行坍落度实验，具体尺寸为：两端口直径为 100 mm，桶高为 100 mm，如图 5-2 所示。

图 5-2 柱形坍落筒

（3）微锥形坍落筒

微锥形坍落筒上、下口径分别为 35 mm、60 mm，筒高 60 mm，实验通常在一块玻璃上进行，如图 5-3 所示。

选用以上三种坍落筒进行坍落度实验时，实验步骤基本一致。具体步骤包括：先润湿坍落筒，并把它放在一块刚性的、平坦的、湿润且不吸水的底板上（水磨石地面），然后用脚踩两个脚踏板，使坍落筒在装料时固定位置，最后把按要求取得的尾砂充填料浆装入筒中。由于实验的充填料浆流动性好，实验时尾砂充填料浆一次装满，然后用直径 20 mm 的钢棒捣实，否则充填料必须分三层装入，用捣棒捣实，每层捣实后的高度大致为坍落筒高的三分之一；料浆装满筒后，刮平桶口，刮清桶底部周围，然后小心地垂直提起坍落筒；待尾砂充填料浆下落平稳后，立即量测筒高与充填料浆试体最高点之间的高差，即为坍落度，如图 5-4 所示。

图 5-3　微锥形坍落筒

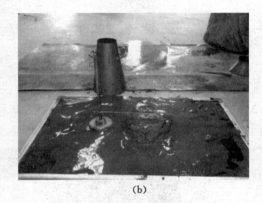

(a)　　　　　　　　　　　　　　　　　　(b)

图 5-4　坍落度实验步骤(以锥形坍落筒为例)

(a) 提取坍落筒；(b) 量测高差

5.1.2　扩散度实验

扩散度是从混凝土借用来的概念，用来反映料浆流动特性。扩散度实验目前国内外从实验设备、实验方法、测读数据等诸方面尚不能做到统一化、规范化。本实验采用目前较通用的"坍落筒法"，它的实验设备、方法简单，实验数据一定程度上也能够反映料浆的流动特性。扩散度实验采用小型坍落筒在一块玻璃上进行，其坍落筒上、下口径分别为 35 mm、60 mm，筒高 60 mm。

实验步骤：首先用布把坍落筒内部擦拭干净，并将其放在水平的玻璃板上，将配比好的砂浆从坍落筒上口倒入，用钢尺将上口刮平后，迅速将坍落筒垂直提起，砂浆将在玻璃板上形成一个圆，通过测定两个垂直方向的圆直径，其平均值即为该料浆的扩散度。如图 5-5 所示。

5.1.3　黏度实验

充填料浆在受到外部剪切力作用时发生变形（流动），内部相应要产生对变形的抵抗，并以内摩擦的形式表现出来。所有流体在有相对运动时都要产生内摩擦力，这是流体的一种

图 5-5　充填料浆扩散度实验过程

（a）扩散度试模；（b）浇注试模；（c）提取试模；（d）扩散料浆

固有物理属性,称为流体的黏滞性或黏性。黏度又称黏滞系数,对于矿山充填的高浓度尾砂料浆黏度测量,目前国内外尚无统一的标准测定方法。由于研究涉及的充填材料粒级组成较细,借鉴混凝土黏度的测试方法,以旋转黏度计进行黏度实验测定为例,实验装置见图5-6。由于料浆黏度受多方面因素影响,往往同一个设备在不同条件下测得的数据也会存在一定的差异性,因此,此实验数据只能作为料浆流变特性的定性参考。

5.1.4　稠度实验

与一般意义上的"稀稠"概念不同,胶结充填料浆稠度表示的是"流动性",指充填料浆在自重力或外力作用下是否易于流动的性能。其大小用沉入量（或稠度值）（mm）表示,即充填料浆稠度测定仪的圆锥体沉入充填料浆深度的毫米数。用充填料浆稠度测定仪测定的稠度越大,流动性越大。即圆锥体沉入的深度越大,稠度越大,流动性越好。充填料浆稠度的测定使用稠度测定仪,如图 5-7 所示。稠度测定仪由支架、测杆、指针、刻度盘、滑杆、圆锥体、圆锥筒、底座等部分组成。

测定充填料浆稠度时,将拌和均匀的料浆一次装入圆锥筒内,至距筒上口 1 cm,用捣棒插捣及轻轻振动至表面平整,然后将筒置于固定在支架上的圆锥体下方,放松固定螺丝,使圆锥体的尖端与料浆表面接触,拧紧固定螺丝,读出标尺读数,然后突然松开固定螺丝,使圆锥体自由沉入充填料浆中,10 s 后,读出下沉的距离（以 cm 计）,即为充填料浆的稠度值。

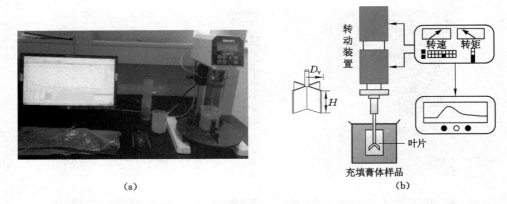

图 5-6　黏度测定装置及原理
（a）流变仪及装置；（b）流变仪测试原理

取两次测定结果算术平均值作为充填料浆稠度的测定结果。如两次测定值之差大于 3 cm，应配料重新测定。

图 5-7　稠度测定仪

5.2　胶结充填料浆流变模式

胶结充填料浆在受到外部剪切力作用时发生流动变形，内部相应产生对变形的抵抗，并以内摩擦的形式表现出来[3]，这是流体的一种固有物理属性，称之为黏滞性或黏性。根据不同的流变性能，可将流体分为牛顿流体和非牛顿流体。牛顿流体的剪切应力与速度梯度呈线性关系，用公式表示为：

$$\tau = \mu \left(\frac{\mathrm{d}v_x}{\mathrm{d}y} \right)^n = \mu \dot{\gamma}^n \tag{5-1}$$

式中，μ 为流体的动力黏性系数，用以反映胶结充填料浆内摩擦力的大小。

对于非牛顿流体，人们提出了几个描述内摩擦特性的流变方程模型，详细见表 5-1，其中典型的流体剪切应力与剪切速率的关系如图 5-8 所示。

表 5-1　　　　　　　　　　　　　　　各类典型的流变模式

模型名称	模型方程式
牛顿模型	$\tau = \eta \dot{\gamma}$
宾汉模型	$\tau = \tau_0 + \eta \dot{\gamma}$
Herschel-Bulkley 模型	$\tau = \tau_0 + \eta \dot{\gamma}^n$
Power Equation 模型	$\tau = A \dot{\gamma}$　$n = 1$ 牛顿流体 $n > 1$ 剪切稠化 $n < 1$ 剪切稀化
Vom Berg, Ostwald-de Waele 模型	$\tau = \tau_0 + B \mathrm{arcsin}(\dot{\gamma} C)$
Eyring 模型	$\tau = a \dot{\gamma}^n + B \mathrm{arcsin}(\dot{\gamma} C)$
Robertson-Stiff 模型	$\tau = \alpha (\dot{\gamma} + C)^b$
Atzeni et al. 模型	$\dot{\gamma} = \alpha \tau^2 + \beta \tau + \delta$

参数说明：$A, a, B, b, C, \alpha, \beta, \delta$——常数；$\tau$——剪切应力；$\tau_0$——屈服应力；$\eta$——黏度；$\dot{\gamma}$——剪切速率。

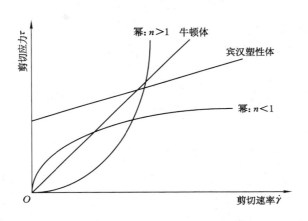

图 5-8　典型流体剪切速率与剪切应力的关系

　　已有许多研究人员根据实验分析或者理论推导，提出各种胶结充填料浆的流变模式，但各种流变模式均有其适用范围，很难以一个模式来描述所有胶结充填料浆的流变特征。胶结充填料浆属于固液两相流范围，对于充填料浆的流动力学特性都以固液两相流理论为基础。充填料浆在外力和自重的作用下发生流动和变形，而流变学是研究载荷作用下充填料浆发生运动和变形的科学。胶结充填料浆视为非牛顿体，具有代表性的流变模型有：幂律模型、宾汉模型和 Herschel-Bulkley 模型。

5.2.1　幂律或 Ostvald-de Waele 模型

　　非牛顿流体都会在流动过程中随着流体剪切速率的变化，或快或慢。一个较为常用的描述非牛顿流体流变的本构方程为：

$$\tau_w = \eta_{app}\left(\frac{\mathrm{d}v}{\mathrm{d}r}\right)^a = \eta_{app}(\dot{\gamma})^a \tag{5-2}$$

式中　τ_w——管壁剪切应力,Pa;

　　　η_{app}——非牛顿流体表观黏度定义的流体稠度,Pa·s;

　　　$\frac{\mathrm{d}v}{\mathrm{d}r} = \dot{\gamma}$——剪切速率,$s^{-1}$;

　　　r——柱塞断面一个点的速率,m;

　　　a——常数,表示非牛顿流体特性的程度(越离散则呈现越明显的非牛顿流体的特性)。

该模型没有考虑屈服应力。如果 $a<1$,为假塑性流体,特点是随着剪切速率的增大表观黏度逐渐减小;如果 $a>1$,则为塑性流体,表观黏度随剪切速率的增加而增加;当 $a=1$ 时,为牛顿流体。

5.2.2　宾汉塑性体模型

胶结充填料浆随着浓度增加,其黏度也增加,同时充填料浆流动时还要克服细颗粒形成的絮网结构及粗颗粒内部摩擦而产生的屈服应力。针对该现象,建立了宾汉模型:

$$\tau_w = \tau_v + \eta_B \frac{\mathrm{d}v}{\mathrm{d}r} = \tau_v + \eta_B \dot{\gamma} \tag{5-3}$$

式中　τ_v——剪切屈服应力,Pa;

　　　η_B——宾汉塑性黏度,Pa·s;

　　　$\dot{\gamma}$——剪切速率,s^{-1}。

基本上,宾汉模型通过屈服应力描述了当黏度与剪切速率无关时流体的黏度特性。一般情况下,认为胶结充填料浆符合宾汉模型。

5.2.3　Herschel-Bulkley 模型

Herschel-Bulkley 模型是一个用来描述在高于屈服应力时黏塑性材料表现出屈服剪切稀化特性响应关系的三参数模型(图5-9)。这个广义模型是幂次定律[式(5-2)]与宾汉模型[式(5-3)]的结合,并且表达了以下关系:

$$\tau_w = \tau_{app} + \eta_{app}\left(\frac{\mathrm{d}v}{\mathrm{d}r}\right)^n = \tau_{app} + \eta_{app}(\dot{\gamma})^n \tag{5-4}$$

式中　τ_{app}——常数,理解为表观屈服应力,Pa;

　　　η_{app}——稠度指数或表观黏度,Pa·s;

　　　$\dot{\gamma}$——剪切速率,s^{-1};

　　　n——表示非牛顿流体特性程度的流动参数(越离散则呈现越明显的非牛顿流体的属性)。

当 $n=1$ 时,Herschel-Bulkley 模型还原为宾汉模型;当 $n<1$,则为假塑性体(或剪切稀化)的流体;当 $n>1$,则为膨胀物(或剪切增稠)的流体。Herschel-Bulkley 模型对于很多生物流体、食品和化妆品更适用。

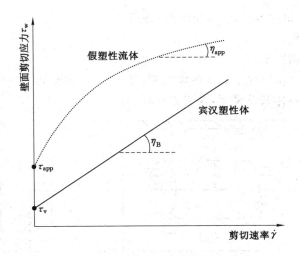

图 5-9　剪切速率与壁面剪切应力关系

5.3　基于流体力学理论的胶结充填料浆流变性能

鉴于资源的低贫损、高回收率、生产安全、经济及环境效益显著等诸多优点,在国内外金属矿山开采过程中充填采矿法备受青睐。充填采矿法通常受到采充平衡、充填系统运行状况、充填材料选择、料浆输送、供料线调节、充填管网布设、自动化仪表控制等多种因素的制约。在强度等技术指标可行和砂源充足的条件下,矿山通常都会优先选用自己的尾砂作为充填材料,当自己的尾砂不足或技术指标缺陷时,则会选用部分外部尾砂作为补充。充填材料的输送性能是充填料浆的重要指标,当充填材料选定后,需要对其料浆输送性能进行研究,通过相关流变参数来得到其阻力损失情况,对充填工艺具有一定的指导意义。

胶结充填料浆的流变性能对其管道输送具有较大影响,其管输阻力受其屈服应力和黏度系数的制约,为研究充填料浆流变性能,利用流体力学原理,通过 L 形管道自流输送实验对其在管道中流动的力学特性进行了分析。结果表明:浓度、单位时间流量、管径对料浆管输阻力和充填倍线大小的作用程度不同,其中浓度影响尤为显著。在能够实现自流输送的充填倍线合理的条件下,采场充填时当结合充填能力确定流量和管径后,可通过调节充填站制浆浓度以使充填材料在管道输送、采场中沉降、抗离析、脱排水、固结硬化、力学性能等方面表现良好。

5.3.1　流变参数测定理论基础

高浓度充填料浆的流变性能不同于固液两相流和牛顿流体,对于矿山及类似工程研究,通常用宾汉流体来描述高浓度充填料浆的流变特性,即流体具有一定初始抗剪切变形能力,沿管道流动时其产生的摩擦阻力可由式(5-5)表示。

$$\tau = \tau_0 + \eta \frac{\mathrm{d}v}{\mathrm{d}r} \tag{5-5}$$

式中　τ——管壁剪切应力,Pa;

τ_0——初始剪切应力(屈服剪切应力),Pa;

η——黏性系数,Pa·s;

$\mathrm{d}v/\mathrm{d}r$——剪切速率,s^{-1}。

在不考虑重力,有压情况下宾汉流体沿管道流动时的情况见图 5-10,取压差为 $\mathrm{d}p$、长度为 $\mathrm{d}l$、半径为 r 的圆柱体料浆微元,其受力方程为:

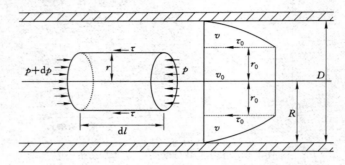

图 5-10　宾汉塑性流体管流受力分析

$$(p + \mathrm{d}p)\pi r^2 = p\pi r^2 + \tau \cdot 2\pi r \cdot \mathrm{d}l \tag{5-6}$$

简化可得:

$$\tau = \mathrm{d}p\,\frac{r}{2\mathrm{d}l} \tag{5-7}$$

由式(5-5)和式(5-7)可得:

$$\frac{\mathrm{d}v}{\mathrm{d}r} = \frac{1}{\eta}\left(\frac{\mathrm{d}p \cdot r}{2\mathrm{d}l} - \tau_0\right) \tag{5-8}$$

对 r 进行定积分,边界条件为:$r=R$,$v=0$,因而可求得流速在管内的分布函数为:

$$v = \frac{1}{\eta}\left[\frac{1}{4}\frac{\mathrm{d}p}{\mathrm{d}l}(R^2 - r^2) - \tau_0(R - r)\right] \tag{5-9}$$

式中　$\mathrm{d}p$——流体两端压差;

　　　　R——管道半径。

从上述式中可看出管内流体剪切应力及剪切速率随 r 值而变化,当 $r=0$,即在管道中心,剪切速率最大,剪切应力最小;当 $r=R$,即贴近管壁,剪切应力最大,剪切速率为零。令式(5-8)中 $\mathrm{d}v/\mathrm{d}r=0$,可得 r 临界值:

$$r_0 = 2\tau_0\left(\frac{\mathrm{d}p}{\mathrm{d}l}\right)^{-1} = \frac{2\tau_0}{i} \tag{5-10}$$

式中　i——单位管道长度压力损失(输送阻力),Pa/m。

宾汉流体在整个管道中的流速分布与管径有关,当 $R>r_0$ 时,只在管道中心产生柱塞流;而当 $R\leqslant r_0$ 时,则流速在整个管道内均匀分布,形成整管柱塞流。由于宾汉流体存在屈服剪切应力 τ_0,料浆中固粒难于沉降、不易离析,故柱塞流内质点不产生相对运动和质点交换,从而可减少输送内摩擦损失。在接近管壁润滑层的作用下流体整体滑移,管输阻力显著降低,料浆性态稳定,输送时不易堵管。

流动阻力计算中,由宾汉流体切应力与切变率关系可推导出白金汉方程:

$$\frac{8v}{D} = \left(\frac{\tau}{\eta}\right)\left[1 - \frac{4}{3}\left(\frac{\tau_0}{\tau}\right) + \frac{1}{3}\left(\frac{\tau_0}{\tau}\right)^4\right] \tag{5-11}$$

通常 τ_0/τ 的四次幂作为高阶小量舍去,从而得出近似的管壁剪切应力:

$$\tau = \frac{4}{3}\tau_0 + 8\frac{v}{D}\eta \qquad (5\text{-}12)$$

式中　D——管道直径,m。

在研究充填料浆流变性能时,按下式计算料浆屈服剪切应力和黏性系数:

$$\tau_0 = \frac{\gamma h_0 D}{4(h_0 + L)} \qquad (5\text{-}13)$$

$$\eta = \frac{(3\tau - 4\tau_0)D}{24v} \qquad (5\text{-}14)$$

式中　γ——料浆重度,kN/m^3;

$\qquad v$——料浆流速,m/s;

$\qquad h_0$——静料柱高,m;

$\qquad L$——水平段管长,m;

$\qquad \tau_0$——剪切应力,Pa;

$\qquad \eta$——黏度系数,Pa·s。

计算出所需相关参数后,可根据式(5-15)求出管道单位长度流动阻力损失:

$$i = \frac{16\tau_0}{3D} + \frac{32\eta v}{D^2} \qquad (5\text{-}15)$$

根据能量守恒定律,矿山实际充填自流输送管网垂高总和为 H,水平段总长为 L 的管路,其受力平衡分析为:

$$\gamma H = i(H+L) + \sum_{i=1}^{n}\xi_i \cdot \gamma\frac{v^2}{2g} + \gamma\frac{v^2}{2g} \qquad (5\text{-}16)$$

式中,势能项 γH 与沿程摩阻损失 $i(H+L)$、局部阻力 $\sum\limits_{i=1}^{n}\xi_i \cdot [\gamma \cdot v^2/(2g)]$、出口损失 $\gamma \cdot v^2/(2g)$ 之和保持动态平衡,为便于计算,将局部阻力与出口损失之和按管道沿程阻力的 15% 计,则式(5-16)变为:

$$\gamma H = 1.15i(H+L) \qquad (5\text{-}17)$$

形式变换为:

$$\frac{H+L}{H} = \frac{\gamma}{1.15i} \qquad (5\text{-}18)$$

比值 $(H+L)/H$ 为充填倍线,是用以衡量充填系统充填能力和料浆输送综合阻力的重要指标。根据上述公式可计算出不同浓度、流量及管径时可实现自流输送的允许充填倍线。

5.3.2　充填料浆输送流变性能实验及分析

充填材料的选别通常都以充填料浆输送性能实验为基础,以确定其合理的性能参数。本次实验材料为不加水泥的全尾砂浆,根据需要对其进行了流变参数实验及理论分析计算。

(1) 流变参数测定

胶结充填料浆能否顺利实现管道自流输送与粒级分布、料浆浓度、流量、流速、输送管径及材质、充填倍线、管网布置等多因素有关。为研究充填料浆输送性能,于实验室进行了胶结充填料浆自流输送实验。将实测参数代入相关公式中,求得不同浓度料浆流变参数如表 5-2 所示。

表 5-2   充填料浆流动性参数测定值

浓度 /%	坍落度 /mm	料浆重度 $\gamma/(kN/m^3)$	静料柱高 h_0/m	料浆流速 $v/(m/s)$	剪切应力 τ_0/Pa	黏度系数 $\eta/(Pa \cdot s)$
70	267	19.1	0.06	2.53	7.95	0.227
72	250	19.6	0.11	1.23	14.61	0.524
74	235	20.1	0.19	0.04	25.01	17.41
76	215	20.7	0.33	0.02	42.04	24.79

根据实测流变参数,可计算出工业生产中不同浓度、流量及输送管径时的输送阻力及允许充填倍线。其中,料浆流速 v 可按式(5-19)计算,几种管径及流量的流速对照数据见表 5-3。

$$v = Q/(3\ 600 \times \frac{\pi}{4}D^2) \tag{5-19}$$

式中,Q 为充填料浆流量,m^3/h。

表 5-3   不同管径及流量时的料浆流速   m/s

管道内径/mm		80	90	100	110	125	140	150
料浆流量 /(m³/h)	40	2.212	1.747	1.415	1.17	0.906	0.722	0.629
	50	2.765	2.184	1.769	1.462	1.132	0.903	0.786
	60	3.317	2.621	2.123	1.755	1.359	1.083	0.944
	70	3.87	3.058	2.477	2.047	1.585	1.264	1.101
	80	4.423	3.495	2.831	2.34	1.812	1.444	1.258
	90	4.976	3.932	3.185	2.674	2.038	1.625	1.415
	100	5.529	4.369	3.539	2.971	2.265	1.805	1.573

(2) 实验结果分析

由实验数据计算出胶结充填料浆输送阻力及允许充填倍线,分析后得到不同浓度料浆输送阻力及允许充填倍线随流量和管道内径的变化规律曲线。不同浓度料浆输送阻力随流量和管道内径的变化见图 5-11。

从图 5-11 可以看出,对于相同流量的料浆,随着管道内径的增大,各浓度胶结充填料浆单位长度管道输送阻力损失逐渐减小;对于相同的管径,料浆流量越大,管输阻力越大;从各图综合情况来看,料浆浓度增大,输送阻力也随之大幅增加。

根据充填料浆输送阻力计算得到允许充填倍线,当充填倍线计算值不大于 1 时,此值就失去其物理含义,故舍之。实验数据处理当中发现,76% 浓度料浆在本研究所选定的流量和管径下无合理的充填倍线;74% 浓度料浆在流量为 40 m^3/h、管径为 150 mm 时仅具有合理充填倍线值为 1.04;当浓度降低为 72%、70% 时,充填倍线值均能够合理通过,其随流量和管径的变化曲线见图 5-12。

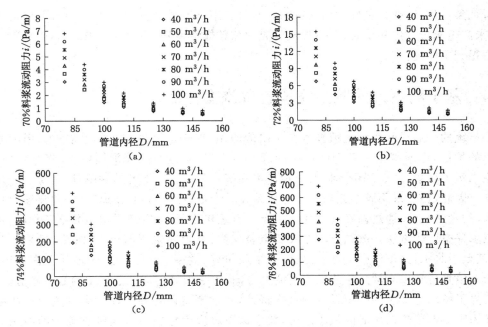

图 5-11　不同浓度料浆输送阻力随流量和管径的变化

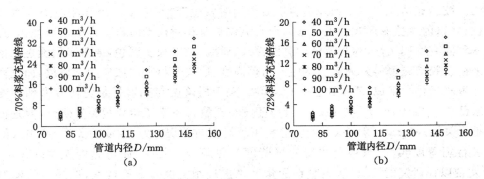

图 5-12　料浆允许充填倍线随流量和管径的变化

从图 5-12 可以看出,对于相同流量的料浆,随着管道内径的增大,各浓度胶结充填技术倍线逐渐增大;对于相同的管径,料浆流量越大,充填倍线越小;从各图综合情况来看,料浆浓度增大,输送阻力的增大导致充填倍线减小,即充填料浆所能到达的范围减小了。

5.3.3　实验结果及讨论

高浓度胶结充填料浆中适量的小于 $20~\mu m$ 颗粒有利于料浆的保水性,使之不易于产生离析且低流速时堵管可能性小。实验中看到,浓度越高料浆越不易沉淀离析,即屈服剪切应力 τ_0 越大,料浆黏塑性和抗离析能力越强。黏性系数 η 与料浆浓度、粒度分布、颗粒形状等因素有关,浓度越低其输送阻力越小,充填倍线越大,可通过自流输送到达的区域范围增大。输送阻力 i 取决于料浆流变参数 τ_0、η、料浆流速 v 及管径 D,其最优组合可通过充填料选材和浓度调节控制,料浆须具备良好的和易性、黏聚性和保水性,不致产生明显的分层和泌水离析现象,以保证获得良好的输送效果。本研究中充填料浆浓度为 70%～72% 时流动性较好,未产生离析分层和堵管,最终形成的充填体整体性良好,强度均匀稳定,这点已在实际生产中得到了验证。

5.4　基于坍落度的胶结充填料浆流变性能

传统的普通尾砂胶结充填技术在矿山的应用,促进了充填技术的发展[4]。但随着这项技术的发展,也暴露出一系列的突出问题[5,6]:充填体强度低、养护周期长、充填效率低、井下脱水污染环境、尾砂利用率低及充填成本高等。为克服以上充填缺陷,唯有提高充填料浆浓度。因此,提出采用胶结充填技术。胶结充填[7]是指把物料制作成"无临界流速、少/无须脱水"的膏状浆体,通过高密度固体充填泵与自重作用,经过管道泵送至井下工作面,进行适时充填采空区的方法。胶结充填主要特点表现为:充填料浆不离析、不沉淀,且采场脱水量少,甚至不脱水,充填体强度增长迅速,充填质量好、效率高、成本低,改善井下作业环境等,胶结充填是近年来充填采矿法的主要研究方向,也是倡导创建绿色矿山的必然趋势。

为了精确定义胶结充填料浆的流变特性,必须测定剪切屈服应力和黏度[8]。屈服应力定义为充填料浆流动所需的最小应力,关于该屈服应力存在与否还没有统一的结论。但从流变理论可以看出,充填料浆的屈服应力客观存在,并且对于研究胶结充填料浆流动性非常有意义。胶结充填料浆在受到外部剪切力作用时发生变形(流动),内部相应要产生对变形的抵抗,并以内摩擦的形式表现出来。所有流体在有相对运动时都要产生内摩擦力,这是流体的一种固有物理属性,称为流体的黏滞性或黏性。在充填实践中,通常采用测定坍落度的方式来衡量胶结充填料浆的流变特性。坍落高度,取决于材料屈服应力和密度,而这两者反过来又依赖于化学组成、颗粒比重和粒度等。关于坍落度与充填料浆剪切应力和黏度的研究由来已久。Tattersall 等[9]最早进行坍落度与充填料浆流变参数相关性研究,但是得出的结论是无关性;Murata 等[2]从理论上分析了坍落度与剪切应力、黏度的关系,并引入圆柱坍落筒进行坍落度实验,最终得出结论坍落度与屈服应力相关,而与黏度无关;Christensen 等[10]发现以往研究的不足,从无量纲的角度来进行相关性验证更科学,他提出的模型与料浆的物理属性和坍落筒的形状无关,但是他并没有进行实验验证;Pashias 等[11]建立无量纲模型,并应用不同的充填料浆进行实验,最终理论预测模型和实验结果基本一致。

本节结合矿山胶结充填实践,从坍落度的角度来研究胶结充填料浆流变特性,并构建相应的理论模型。同时,配制不同灰砂比与不同浓度的胶结充填料浆,验证坍落度与充填料浆屈服应力的相关性,进一步确定所建模型的准确性,以期为矿山提供一个简单、易于现场应用的胶结充填料浆流变参数的测定方法。

5.4.1　充填料浆流变参数测算原理

坍落度是高浓度料浆充填研究中从混凝土借用的一个概念,主要表征高浓度充填料浆流动性能。坍落度高低直接反映高浓度料浆的流动状态和摩擦阻力大小。经研究证实,坍落度值主要取决于料浆中固体颗粒的级配和料浆浓度。它的力学含义是料浆因自重而流动、因内部阻力而停止的最终变形量。它的大小直接反映料浆流动性的好坏与流动阻力的大小:坍落度值越大,料浆流动性能越好,料浆流动阻力越小。图 5-13 所示为坍落度实验步骤。

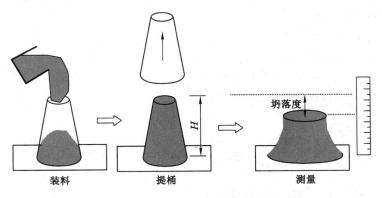

图 5-13　坍落度实验步骤[12]

（1）坍落度——圆锥坍落筒模型

圆锥坍落度的测试方法:用一个上口直径 100 mm、下口直径 200 mm、高 300 mm 的锥状坍落筒（形状与尺寸见图 5-14）,具体坍落度的测定方法参考《普通混凝土拌合物性能试验方法》（GB/T 50080—2016）的规定。实验时先润湿坍落筒,并把它放在一块刚性的、平坦的、湿润且不吸水的底板上（水磨石地面）,然后用脚踩两个脚踏板,使坍落筒在装料时固定位置,胶结充填料浆装入筒中。由于实验的充填料浆流动性好,实验时尾砂充填料浆一次装满,然后用直径 20 mm 的钢棒捣实,否则充填料必须分三层装入,用捣棒捣实,每层捣实后的高度大致为坍落筒高的三分之一;料浆装满筒后,刮平桶口,刮清桶底部周围,然后小心地垂直提起坍落筒;待尾砂充填料浆下落平稳后,立即量测筒高与充填料浆试体最高点之间的高差,即为坍落度。

(a)

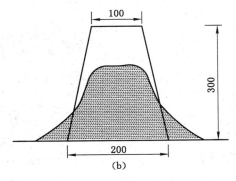

(b)

图 5-14　ASTM 锥形坍落度实验装置

由图 5-15 可知,坍落筒中任一水平位置的应力为:

$$p_z = \frac{W_z}{\pi r_z^2} \tag{5-20}$$

$$W_z = \rho g V_z \tag{5-21}$$

$$r_z = r_1 + \frac{r_2 - r_1}{H} \cdot z \tag{5-22}$$

式中　W_z——距离筒顶 z 处以上料浆质量,mg;

　　　r_1——椎体上半径,m;

r_2——椎体下半径,m;

r_z——距离筒顶 z 处半径,m;

H——锥形坍落筒高度,m。

根据图 5-15 可知,体积 V_z 即为直线 $0 \leqslant y \leqslant f(x)$,$0 \leqslant x \leqslant z$ ($f(x)$ 在 $[0,z]$ 上连续) 绕 x 轴旋转一周所围成的旋转体体积,即:

$$V_z = \int_0^z \pi \left[f(x) \right]^2 \mathrm{d}x$$

$$= \int_0^z \pi \left[r_1 + \frac{r_2 - r_1}{H} \cdot x \right]^2 \mathrm{d}x$$

$$= \frac{\pi}{3H^2} \cdot \left[3H^2 r_1^2 z + 3H r_1 (r_2 - r_1) z^2 + (r_2 - r_1)^2 z^3 \right] \tag{5-23}$$

将式(5-21)、式(5-22)和式(5-23)代入式(5-20)可知,锥形坍落筒任何位置 z 处应力 p_z 为:

$$p_z = \frac{\rho g}{3} \cdot \frac{(r_2 - r_1)^2 z^3 + 3H r_1 (r_2 - r_1) z^2 + 3H r_1^2 z}{\left[r_1 H + (r_2 - r_1) z \right]^2} \tag{5-24}$$

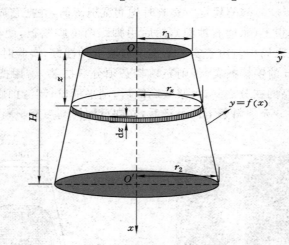

图 5-15　坍落筒提起前应力分布

根据特雷斯卡准则(Tresca Criteria)可知,最大剪应力发生在 $\alpha = \dfrac{\pi}{4}$ 的斜面上,且最大剪应力在数值上等于最大正应力的 1/2。

由此可得:

$$\tau_{z(\max)} = \frac{\rho g}{6} \cdot \frac{(r_2 - r_1)^2 z^3 + 3H r_1 (r_2 - r_1) z^2 + 3H r_1^2 z}{\left[r_1 H + (r_2 - r_1) z \right]^2} \tag{5-25}$$

无量纲化后为:

$$\tau_{z(\max)}' = \frac{\tau_{z(\max)}}{\rho g H}$$

$$= \frac{1}{6H} \cdot \frac{(r_2 - r_1)^2 z^3 + 3H r_1 (r_2 - r_1) z^2 + 3H r_1^2 z}{\left[r_1 H + (r_2 - r_1) z \right]^2} \tag{5-26}$$

根据文献[13-15],假定胶结充填料浆为不可压缩的,则距离坍落筒顶部 z 处,在坍落筒提起前后 dz 的体积将不变,如图 5-16 所示。

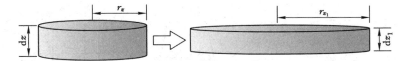

图 5-16　坍落筒提起前后厚度为 dz 浆体变化

可得:

$$dz(\pi r_z^2) = dz_1(\pi r_{z_1}^2) \tag{5-27}$$

式(5-27)可变换为:

$$dz_1 = dz\left(\frac{r_z}{r_{z_1}}\right)^2 \tag{5-28}$$

根据图 5-16 和图 5-17 可知,坍落筒提起后,变形 h_1,是由 dz_1 积分而成,故有:

$$h_1 = \int_{h_0}^{H} dz_1 \tag{5-29}$$

将式(5-28)代入式(5-29)可得:

$$h_1 = \int_{h_0}^{H} \left(\frac{r_z}{r_{z_1}}\right)^2 dz \tag{5-30}$$

假定坍落筒内充填浆体各层之间没有流动,且不会因为自重而压缩。因此,在 h_1 的区域内,任一截面上应力从上而下增加,直至数值上等于屈服应力。这种关系可以表达为:

$$\tau_z(\pi r_z^2) = \tau_{z_1}(\pi r_{z_1}^2) = \tau_y(\pi r_{z_1}^2) \tag{5-31}$$

$$\tau_z r_z^2 = \tau_y r_{z_1}^2 \tag{5-32}$$

$$\frac{r_z^2}{r_{z_1}^2} = \frac{\tau_y}{\tau_z} \tag{5-33}$$

将式(5-33)代入式(5-29)可得:

$$h_1 = \int_{h_0}^{H} \left(\frac{\tau_y}{\tau_z}\right) dz = \int_{h_0}^{H} \left(\frac{\tau_y{'}}{\tau_z}\right) dz \tag{5-34}$$

联立式(5-24)和式(5-25)可得:

$$h_1 = \int_{h_0}^{H} \left\{ 6H\tau_y{'} \cdot \frac{[r_1 H + (r_2 - r_1)z]^2}{(r_2 - r_1)^2 z^3 + 3Hr_1(r_2 - r_1)z^2 + 3Hr_1^2 z} \right\} dz \tag{5-35}$$

由图 5-14 可知,$r_1 = 0.05$ m,$r_2 = 0.1$ m,$H = 0.3$ m,将其代入式(5-35),并求解可得:

$$h_1 = 2.217\,885\,455\tau_y{'} - 0.36\tau_y{'}\ln h_0 - 0.81\tau_y{'}\ln(10h_0^2 + 9h_0 + 9) \tag{5-36}$$

根据图 5-17 所示,坍落度是坍落筒提起前后的高度差。可以表示为:

$$s = H - h_0 - h_1 \tag{5-37}$$

无量纲化后的坍落度可以表示为:

$$s' = \left(\frac{s}{H}\right) = 1 - \left(\frac{h_0}{H}\right) - \left(\frac{h_1}{H}\right) \tag{5-38}$$

如图 5-17 所示,剪切应力在 h_0 处等于充填材料的屈服应力。根据式(5-26),无量纲化后的屈服应力表示为:

$$\tau_y{'} = \frac{0.056(10h_0^3 + 9h_0^2 + 9h_0)}{(3 + 10h_0)^2} \tag{5-39}$$

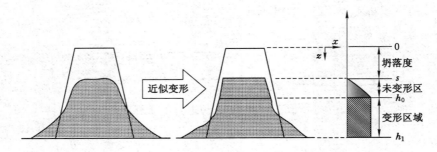

图 5-17　坍落筒提起后应力分布图

联立式(5-36)、式(5-38)和式(5-39)可以得出无量纲化后的锥形坍落度与充填料浆屈服应力的关系式。

（2）坍落度——圆柱坍落筒模型

圆柱坍落筒可视为锥形坍落筒的特殊情况，其实验装置如图 5-18 所示。

(a)

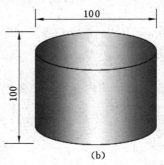

(b)

图 5-18　圆柱坍落度实验装置

对于该坍落筒，任一距离端口 z 处的压力为：

$$p\big|_z = \rho g z \tag{5-40}$$

假设充填体为塑性材料，则最大剪切应力为该处应力的一半，可以表达为：

$$\tau\big|_{z\max} = \frac{1}{2}\rho g z \tag{5-41}$$

无量纲化后为：

$$\tau\big|_z{}' = \frac{1}{2}z' \tag{5-42}$$

由式(5-42)可知，该坍落筒上应力沿轴向线性分布，从端口为零到底部最大值。沿坍落筒轴向，应力不断增大，在任一位置 $h_0{}'$ 处，当该处由于自重引起的应力小于充填料浆屈服应力，则充填材料保持原状；当该处自重引起的应力大于充填料浆屈服应力，则胶结充填料浆发生坍落。如图 5-19 所示。

在充填过程中，假设该坍落筒实验后，变形区和未变形区的分界线为上下水平移动，坍落筒最后实验高度分为：未变形区高度 h_0 和变形区高度 h_1，故有：

$$\tau_y{}' = \frac{1}{2}h_0{}' \tag{5-43}$$

由式(5-30)至式(5-37)可得：

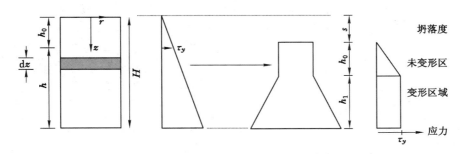

图 5-19　圆柱坍落筒提起后应力分布

$$h_1' = -2\tau_y' \ln h_0' \tag{5-44}$$

同理,联立式(5-38)、式(5-43)和式(5-44)可以得出无量纲化后的柱形坍落度与充填料浆屈服应力的关系式。

5.4.2　坍落度实验材料及装置

（1）实验材料物理与化学特性

充填材料基础参数主要包括尾砂的物理特性(体积密度、密度、孔隙率等)、化学特性(化学组成分析)、尾砂粒级组成等。实验过程中,选用铁矿的尾砂,并取自地表尾矿库总进料口的尾砂浆,经澄清后去除上部清水,然后在阳光下曝晒至含水约 15%,用塑料袋密封包装,运送至实验室进行实验。尾砂基础物理参数如表 5-4 所示。

表 5-4　　　　　　　　　　　　尾砂基础物理参数表

材料名称	密度/(g/cm³)	体积密度/(g/cm³)	孔隙率/%
尾砂	2.87	1.58	44.95

从表 5-5 可以看出,尾砂中金属元素及其氧化物 Fe、Al_2O_3、CaO、MgO 含量较高,分别为 7.85%、5.95%、3.78%、4.08%,其他金属元素含量较低。尾砂中非金属元素及其氧化物主要有 SiO_2、S、P,含量分别为 65.96%、0.11%、0.07%,尾砂中硫及硫化物和磷及磷化物含量较低,对充填体影响较小。

表 5-5　　　　　　　　　　　　尾砂化学元素及其氧化物分析结果

成分	Cu	K	Pb	Zn	Fe	Mn	P
含量/%	<0.005	1.33	0.014	0.037	7.85	0.05	0.07
成分	Sn	Na	SiO_2	Al_2O_3	CaO	MgO	S
含量/%	0.005 8	0.4	65.96	5.95	3.78	4.08	0.11

图 5-20 为实验铁矿充填用尾砂 XRD 衍射图谱,从图中可以看出该尾砂的矿物组成以石英为主,这说明表 5-5 中铁矿尾矿的主要成分 SiO_2 以石英形式存在,属于高硅型铁尾矿,此外还含一定量的云母和少量的赤铁矿。通过 XRD 衍射物相分析出矿物石英、云母和赤铁矿的主要化学成分为 SiO_2、Al_2O_3、Fe_2O_3 和 K_2O,此分析结果与表 5-5 化学元素分析结果相吻合。

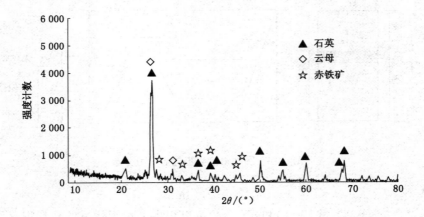

图 5-20　尾砂 XRD 衍射图谱

从图 5-21 可看出,尾砂 d_{10} 为 1.332 μm,d_{50} 为 16.752 μm,d_{90} 为 124.576 μm。尾砂粒级组成不均匀系数为 3.68,通常适用于充填的尾砂颗粒的最佳级配应符合塔博方程,一般应为 4~6。

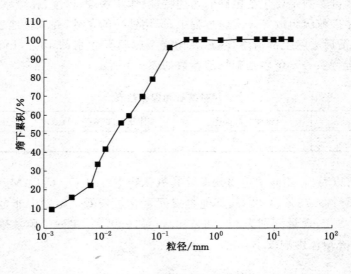

图 5-21　全尾砂粒度分布曲线

（2）实验装置

测定胶结充填料浆屈服应力与黏度,使用流变仪进行测量,其装置及原理如图 5-6 所示。实验过程中选用锥形坍落筒与圆柱坍落筒进行坍落度测试,两种坍落筒外观如图 5-14 和图 5-18 所示。

5.4.3　实验结果及讨论

（1）屈服应力与坍落度关系

以铁矿尾砂为例,其物性参数和化学组成见表 5-4 和表 5-5。利用所建立的基于锥形与柱形坍落度的胶结充填料浆流变参数测算模型,对比流变仪测定的屈服应力,无量纲后的坍落度与无量纲的屈服应力关系如图 5-22 和图 5-23 所示。当无量纲坍落度为 1 时,胶结充填料浆没有坍落(似固体状);当无量纲坍落度为 0 时,胶结充填料浆全部坍落(似液体状)。

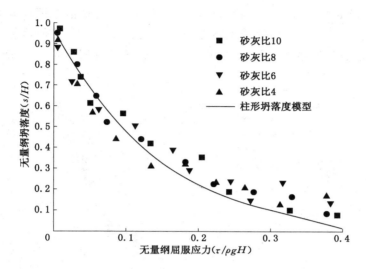

图 5-22　柱形坍落度模型与实验数据对比

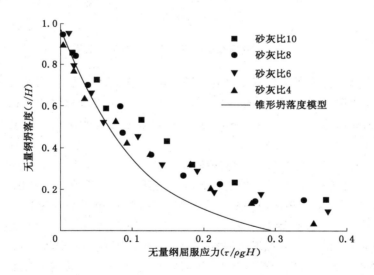

图 5-23　锥形坍落度模型与实验数据对比

通过对比图 5-22 与图 5-23 可知,当无量纲屈服应力在 0～0.1 区间内(或者无量纲坍落度大于 0.45)时,即屈服应力较小、坍落度较大,利用锥形坍落度实验和柱形坍落度实验测量数据基本与各自模型基本吻合;当屈服应力增大、坍落度变小时,锥形坍落度实验数据与模型逐渐偏离,而柱形坍落度实验数据和模型基本一致。由以上分析可知:当屈服应力较大、坍落度较小时,更适于利用柱形坍落筒。故在胶结充填料浆进行坍落度实验时,选择柱形坍落筒比较适合。

(2) 充填料浆屈服应力与浓度的关系

在地表按照一定的砂灰比制备胶结充填料浆,当充填料浆屈服应力过大,则易于堵塞充填管道,无法进行输送;相反,当充填料浆屈服应力过小,则无法满足充填强度要求,同时,这将势必降低充填过程中尾砂的使用量。因此,控制胶结充填料浆合理浓度,对于胶结充填实践至关重要。为能够最大限度地利用尾砂和降低水泥使用量,在胶结充填系统中不断提高充填料浆浓度,达到 75%~85%,充填料浆屈服应力与浓度的关系如图5-24所示。

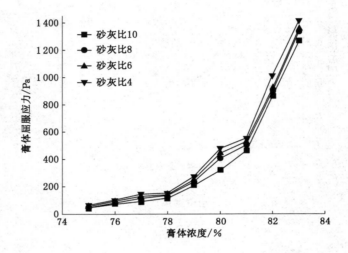

图 5-24　胶结充填料浆屈服应力与浓度关系

由图 5-24 可知,胶结充填料浆屈服应力随着浓度增加而增大,且当浓度相同时,随着砂灰比增加屈服应力降低。同时,由图 5-24 可以看出,当胶结充填料浆浓度在 75%~85% 时,胶结充填料浆的屈服应力在 200 Pa 左右,基本符合以屈服应力 200±25 Pa 作为胶结充填料浆界定点。

(3) 胶结充填料浆流变参数与剪切速率的关系

由图 5-25 可知,胶结充填料浆流变参数与剪切速率的关系有:① 从图(a)至图(l)可以看出,所有胶结充填料浆在测定屈服应力和黏度开始时,屈服应力和黏度迅速增大,随着时间增加回落到某一值后基本保持不变,稳定后的值是所需要测定的流变参数。② 当浓度相同,而砂灰比不同时,随着砂灰比增大胶结充填料浆的屈服应力和黏度降低。主要原因是当增大砂灰比,意味着水泥的质量浓度降低,从而胶结充填料浆的黏结力降低,进而胶结充填料浆抵抗变形的能力降低,最终导致胶结充填料浆的屈服应力和黏度降低。③ 当砂灰比相同,而浓度不同时,随着充填料浆浓度的增加胶结充填料浆的屈服应力和黏度增加。很显然,增加充填料浆浓度有利于增加胶结充填料浆的屈服应力和黏度,同时当砂灰比不变而增大充填料浆浓度时,水泥的含量也增加,更有利于胶结充填料浆的胶凝和固化,进而增加胶结充填料浆的强度。

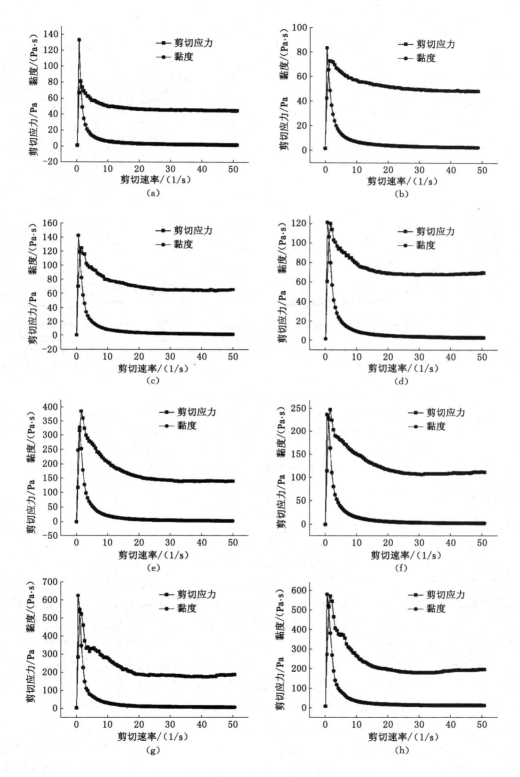

图 5-25　胶结充填料浆剪切速率与屈服应力、黏度关系

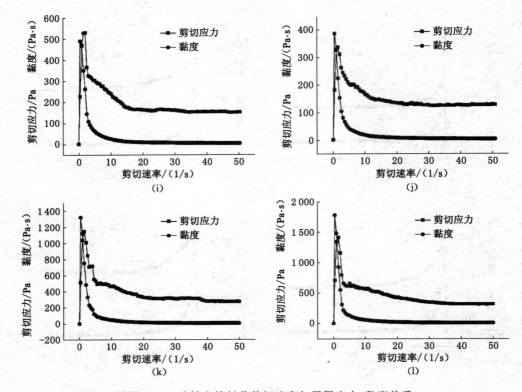

续图 5-25　胶结充填料浆剪切速率与屈服应力、黏度关系

（a）质量浓度 70％，砂灰比 4；（b）质量浓度 70％，砂灰比 6；（c）质量浓度 72％，砂灰比 4；
（d）质量浓度 72％，砂灰比 6；（e）质量浓度 74％，砂灰比 4；（f）质量浓度 74％，砂灰比 6；
（g）质量浓度 76％，砂灰比 4；（h）质量浓度 76％，砂灰比 6；（i）质量浓度 78％，砂灰比 4；
（j）质量浓度 78％，砂灰比 6；（k）质量浓度 80％，砂灰比 4；（l）质量浓度 80％，砂灰比 6

5.5　本 章 小 结

通过对胶结充填料浆流变特性分析，可得出以下结论：

（1）胶结充填料浆的流变性能对其管道输送具有较大影响，其管输阻力受其屈服应力和黏度系数的制约，为研究充填料浆流变性能，利用流体力学原理，通过 L 形管道自流输送实验对其在管道中流动的力学特性进行了分析。结果表明：浓度、单位时间流量、管径对料浆管输阻力和充填倍线大小的作用程度不同，其中浓度影响尤为显著。在能够实现自流输送的充填倍线合理的条件下，采场充填时当结合充填能力确定流量和管径后，可通过调节充填站制浆浓度以使充填材料在管道输送、采场中沉降、抗离析、脱排水、固结硬化、力学性能等方面表现良好。研究可为后继的采充实践提供技术支持，同时也可为相关或类似研究提供参考。

（2）从胶结充填料浆坍落度的角度判别所制备充填膏体的流变特性，建立基于锥形坍落度和柱形坍落度的充填膏体流变参数模型，通过实验方式检验两种模型的坍落度与流变参数的相关性，并对比柱形坍落度与锥形坍落度实验的优越性。结果表明：柱形坍落度实验和模型更能准确测定高浓度充填膏体的流变参数；柱形坍落度模型在数学公式表现形式上，比锥形坍落度模型更为简单;柱形坍落筒的设计与制备比锥形坍落筒更为简单,取材更为方便;锥形坍落筒几何结构较柱形坍落筒更为复杂,实验过程中难于填料,并易于产生气泡,进而影响实验的准确性。

参 考 文 献

[1] 赵建会,刘浪.基于坍落度的充填膏体流变特性研究[J].西安建筑科技大学学报(自然科学版),2015,47(2):192-198.

[2] Murata J. Flow and deformation of fresh concrete, Mater[J]. Constr. ,1984,17(98): 117-129.

[3] 周波,任建新,张鹏.基于 ZLJ-C 系列科里奥利质量流量计的流体黏度测量技术研究 [J].传感技术学报,2008,21(5):891-893.

[4] 缪协兴,钱鸣高.中国煤炭资源绿色开采研究现状与展望[J].采矿与安全工程学报, 2009,26(1):1-14.

[5] 赵才智,周华强,柏建彪,等.胶结充填材料强度影响因素分析[J].辽宁工程技术大学学报(自然科学版),2006,25(6):904-906.

[6] 刘晓辉,吴爱祥,王洪江,等.深井矿山充填满管输送理论及应用[J].北京科技大学学报,2013,35(9):1113-1118.

[7] 黄玉诚,武洋,常军.似膏体巷式充填采煤技术及应用[J].煤炭科学技术,2014,42(1): 37-39.

[8] 丁德强.矿山地下采空区胶结充填理论与技术研究[D].长沙:中南大学,2007.

[9] Tattersall G H,Banfill P F G. The rheology of fresh concrete[M]. Marshfield: Pitman Publishing,1983.

[10] Christensen G. Modeling of flow properties of fresh concrete: the slump test[D]. Princeton: Princeton University,1991.

[11] Pashias N,Bogera D V,Summers J,et al. A fifty cent rheometer for yield stress measurement[J]. Journal of Rheology,1996,40(6):1179-1189.

[12] Chiara F. Measurement of the rheological properties of high performance concrete: state of the art report[J]. Journal of Research of the National Institute of Standards and Technology,1999,104(5):461-465.

[13] Clayton S,Grice T G,Boger D V. Analysis of the slump test for on-site yield stress measurement of mineral suspensions[J]. International of Journal of Mineral Processing,2003(70):3-21.

[14] Schowalter W R,Christensen G. Toward a rationalization of the slump test for fresh concrete: Comparisons of calculations and experiments[J]. Journal of Rheology, 1998,42(4):865-870.

[15] Aaron W S,Hamlin M J,Surendra P S. A generalized approach for the determination of yield stress by slump and slump flow[J]. Cement and Concrete Research,2004 (34):363-371.

第6章 基于主成分与神经网络的充填料浆流变参数预测

在矿山胶结充填中,胶结充填料浆的流动性对于充填料浆输送与采场中流动沉降等至关重要,而充填料浆流变参数是测定充填料浆流动性的主要指标,主要包括剪切应力和黏度。不同配比的胶结充填料浆其流变参数也不同。所以,流变参数选择正确与否,对于充填体质量、充填料浆输送等有着直接影响,进而影响矿山经济效益与社会效益。影响胶结充填料浆流变参数的主要因素有充填料浆浓度、灰砂比、充填料浆重度、粒径分布等。传统的确定充填浆体流动性是依靠坍落度来评价,只是从经验的角度来评价充填料浆的流变特性,而没有上升到理论层次,并不能真实反映坍落度与胶结充填料浆流变关系。在第5章中,通过实验验证了坍落度与充填料浆流变参数的关系,可以利用坍落度与屈服应力关系模型来测定胶结充填料浆的流变参数。胡小芳、Chiara F. Ferris、U. Yamaguchi、R. E. Gundersen 等人[1-6]利用改进的坍落筒装置根据料浆的流速和坍落度值,结合黏度计测试结果,推算料浆的屈服应力和黏度;邓代强等、季韬等[7,8]应用神经网络的方式预测充填料浆和混凝土流变参数;胡华等[28]对料浆流变参数进行建模,并通过仿真的手段来预测浆体流变参数,实验结果与预测结果基本吻合。关于主成分分析法和神经网络相结合的应用,已经很多,如陈建宏等[57]、刘霁等[9]利用该方法进行采矿方案优选;王淑红等[10]利用该方法应用于选矿,以上文献对于确定料浆流变参数提供一定的方法,然而他们的研究都忽视了输入变量之间存在相关性,这对建立高质量的流变参数预测模型设置了一定的障碍。本章利用主成分与神经网络相结合的方式预测胶结充填料浆的流变参数,在利用 BP 神经网络进行流变参数预测之前,先对输入的样本数据进行主成分分析,其目的是为了消除输入因子的相关性,同时降低输入因子数目,在不改变样本数据主要信息的情况下,既提高了流变参数的预测精度,又提高了 BP 网络的计算效率[11]。

6.1 主成分分析法的基本思想和模型

6.1.1 基本思想

主成分分析[11-18]是研究复杂问题时,为了抓住问题的主要矛盾,防止信息重复与叠加而采用的一种利用降低信息维度的方法。主成分分析法主要是通过对原始样本数据内部信息矩阵结果进行重新置换,找出几个综合指标来代替原有的指标,在保证原有数据样本信息不变的情况下,既降低了信息维度,抓住了问题的关键,同时通过矩阵变换消除了原有指标间存在信息重复的问题。设原有信息矩阵为 X,利用信息方差来测定新的信息矩阵涵盖原有样本信息程度。

6.1.2　数学模型

对于一个样本数据,用矩阵 $\boldsymbol{X}$ 表示其信息情况,该信息矩阵含有 n 个维度,即 $x_1,x_2,\cdots$ x_p,如式(6-1)所示:

$$\boldsymbol{X} = \begin{pmatrix} x_{11} & x_{12} & \cdots & x_{1p} \\ x_{21} & x_{22} & \cdots & x_{2p} \\ \vdots & \vdots & & \vdots \\ x_{n1} & x_{n2} & \cdots & x_{np} \end{pmatrix} = (x_1,x_2,\cdots,x_p) \tag{6-1}$$

其中:

$$x_j = \begin{pmatrix} x_{1j} \\ x_{2j} \\ \vdots \\ x_{nj} \end{pmatrix} \quad j=1,2,\cdots,p$$

主成分分析就是重新找到几个综合指标,构建新的信息矩阵,其主要特点是降低原有信息矩阵的维度,并消除原有信息的冗余。通过信息置换后,得到新的矩阵方程,且新的信息变量可用以下公式表示:

$$\begin{cases} F_1 = a_{11}x_1 + a_{12}x_2 + \cdots + a_{1p}x_p \\ F_2 = a_{21}x_1 + a_{22}x_2 + \cdots + a_{2p}x_p \\ \cdots \\ F_p = a_{p1}x_1 + a_{p2}x_2 + \cdots + a_{pp}x_p \end{cases} \tag{6-2}$$

简写为:

$$F_j = a_{j1}x_1 + a_{j2}x_2 + \cdots + a_{jp}x_p \quad j=1,2,\cdots,p \tag{6-3}$$

重新构建的信息矩阵必须具备以下特点:

① F_i,F_j 互不相关 $(i \neq j,j=1,2,\cdots,p)$;

② F_1 的方差>F_2 的方差>F_3 的方差,依次类推;

③ $a_{k1}^2 + a_{k2}^2 + \cdots + a_{kp}^2 = 1(k=1,2,\cdots,p)$。

其中,F_1——第一主成分;F_2——第二主成分,依此类推,共有 p 个主成分。

满足以上三点的模型矩阵可以表示为:

$$\boldsymbol{F} = \boldsymbol{A}\boldsymbol{X} \tag{6-4}$$

其中:

$$\boldsymbol{F} = \begin{pmatrix} F_1 \\ F_2 \\ \vdots \\ F_p \end{pmatrix}, \boldsymbol{X} = \begin{pmatrix} x_1 \\ x_2 \\ \vdots \\ x_p \end{pmatrix}, \boldsymbol{A} = \begin{pmatrix} a_{11} & a_{12} & \cdots & a_{1p} \\ a_{21} & a_{22} & \cdots & a_{2p} \\ \vdots & \vdots & & \vdots \\ a_{p1} & a_{p2} & \cdots & a_{pp} \end{pmatrix} = \begin{pmatrix} a_1 \\ a_2 \\ \vdots \\ a_p \end{pmatrix} \tag{6-5}$$

6.1.3　几何意义

假设有 n 个样品,每个样品有两个变量,即在二维空间中讨论主成分的几何意义。设 n 个样品在二维空间中的分布大致为一个椭圆,如图 6-1 所示。

将坐标系进行正交旋转一个角度 θ,使其椭圆长轴方向取坐标 y_1,在椭圆短轴方向取坐

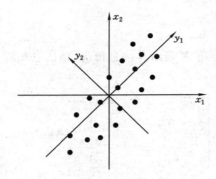

图 6-1　在原有坐标系下的样本点分布情况

标 y_2，旋转公式为：

$$\begin{cases} y_{1j} = x_{1j}\cos\theta + x_{2j}\sin\theta \\ y_{2j} = x_{1j}(-\sin\theta) + x_{2j}\cos\theta \\ j = 1,2,\cdots,n \end{cases} \tag{6-6}$$

写成矩阵形式为：

$$\boldsymbol{Y} = \begin{bmatrix} y_{11} & y_{12} & \cdots & y_{1n} \\ y_{21} & y_{22} & \cdots & y_{2n} \end{bmatrix} = \begin{bmatrix} \cos\theta & \sin\theta \\ -\sin\theta & \cos\theta \end{bmatrix} \cdot \begin{bmatrix} x_{11} & x_{12} & \cdots & x_{1n} \\ x_{21} & x_{22} & \cdots & x_{2n} \end{bmatrix} = \boldsymbol{U} \cdot \boldsymbol{X} \tag{6-7}$$

式中，$\boldsymbol{U}$ 为坐标旋转变换矩阵，它是正交矩阵，即有 $\boldsymbol{U}' = \boldsymbol{U}^{-1}$，$\boldsymbol{UU}' = \boldsymbol{I}$，即满足 $\sin^2\theta + \cos^2\theta = 1$。

经过旋转变换后，得到图 6-2 所示的新坐标。

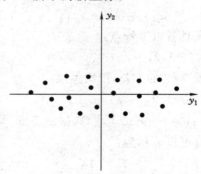

图 6-2　新的坐标系下样本点分布情况

6.2　BP 神经网络的基本原理及模型

6.2.1　神经网络基本原理及拓扑结构

BP 神经网络算法[11,19-23] 由两个阶段构成：① 正向传播，主要进行样本数据的前向计算；② 反向传播，主要是通过循环，以提高算法精度。在第一阶段，数据流通过输入层、隐含层和输出层三步骤，上一层神经元质量影响下一层神经元。当输出结果不够理想时，则进入反向传播,依次循环,最终使得整个网络误差降到最小。BP 神经网络的拓扑结构如图6-3所示。

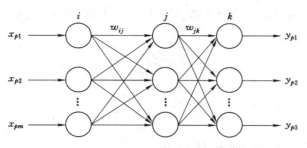

图 6-3　三层 BP 神经网络拓扑结构

6.2.2　神经网络模型的训练算法

首先对经过主成分分析的数据进行归一化处理,并作为 BP 神经网络的输入样本数据,根据输入层与隐含层,隐含层和输出层之间阈值或权重不断对样本进行调整和修正,并通过输出结果和误差函数来判断是否结束 BP 网络循环,如果达到既定的误差函数和输出精度,则完成整个训练过程。在训练过程中,不断修正网络权值和阈值的规则称为训练算法。本章采用的是在有导师指导下,建立在梯度下降法基础上的反向传播算法[11,24-29]。设给定 N 个样本对 $(x_k, y_k)(k=1,2,\cdots,N)$,对于第 l 层的第 j 个输入节点,当输入第 k 个样本时,节点 j 的输入可以表示为:

$$net_{jk}^l = \sum_j w_{ij}^l O_{jk}^{l-1} \tag{6-8}$$

式中　w_{ij}^l——权值;

O_{jk}^{l-1}——输出节点(输入第 k 个样本时,第 j 个单元节点的输出)。

在 BP 网络模型中,输出节点 $O_{jk}^{l-1} = f(net_{jk}^l)$,用 Sigmoid 函数来表示转换函数 f,如下所示:

$$f(x) = \frac{1}{1 + e^{-x}} \tag{6-9}$$

误差函数:

$$E_k = \frac{1}{2} \sum (Y_{jk} - \bar{Y}_{jk})^2 \tag{6-10}$$

其中,$\bar{Y}_{jk}$ 表示第 j 个单元节点的真实输出,所以整个模型的总误差为:

$$E = \frac{1}{2N} \sum_{k=1}^N E_k \tag{6-11}$$

令:

$$\delta_{jk}^l = \frac{\partial E_k}{\partial net_{jk}^l}$$

神经网络的训练过程为:

Step1:选取权重系数的初始值;

Step2:循环以下两个步骤,当达到既定的计算精度 ε 时,即误差函数小于设定误差时,结束整个网络循环计算,得出输出值:

① 对于 $k=1\sim N$：

首先对输入信息进行正向传播，分别计算各层各节点上的 O_{jk}^i，net_{jk}^i，其中，$k=2,\cdots,N$；然后进行 BP 网络的第二步骤反向传播，得出隐含层上各节点的 δ_{jk}^i；

② 修正权值：

$$w_{ij} = w_{ij} - \mu \frac{\partial E}{\partial w_{ij}} \quad 0 < \mu < 1 \tag{6-12}$$

$$\frac{\partial E}{\partial w_{ij}} = \sum_{k=1}^{N} \frac{\partial E_k}{\partial w_{ij}} \tag{6-13}$$

6.3　胶结充填料浆流变参数预测

6.3.1　胶结充填料浆配比材料物理化学特性

充填材料基础参数主要包括尾砂的物理特性（体积密度、密度、孔隙率等）、化学特性（化学组成分析）、尾砂粒级组成、充填用水化学组成及水泥特性等。

（1）尾砂物理特性

尾砂基础物理参数主要包括体积密度、密度、孔隙率等。参照相关标准和规范，测试结果如表5-4所示。

（2）尾砂化学特性

尾砂化学元素分析由某检验分析测试中心完成。实验测定了尾砂的主要化学成分，如表5-5所示。

（3）尾砂粒级组成

从图6-4可看出，尾砂 d_{10} 为 4.850 μm，d_{50} 为 72.364 μm，d_{90} 为 239.210 μm。尾砂粒级组成不均匀系数为3.68，通常适用于充填的尾砂颗粒的最佳级配应符合塔博方程，一般应为 4～6。

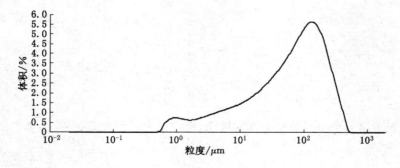

图 6-4　尾砂粒度分布曲线

（4）充填用水化学组成

水的化学性质测试主要包括充填尾砂水和工业用水的化学元素分析、阴离子分析、水的电导率和 pH 等。实验采用 ICP-AES 和 ICP-MS 方法对尾砂水和工业水做了全元素分析，分析结果见表6-1。并针对性地对尾砂水和工业水做了酸碱性分析及阴离子分析，以判断水的性质对充填实验的影响,实验结果见表 6-2。

表 6-1 尾砂水和工业水全元素分析结果

元素 水的类型	Hg	Al	Ti	V	Cr	Mn	Co	Ni
尾砂水/(mg/L)	<0.01	0.074	0.014	0.002	0.002	12.04	0.009	0.401
工业水/(mg/L)	<0.01	0.042	0.002	0.001	0.001	0.003	0.001	0.005

元素 水的类型	Cu	Zn	As	Cd	Sn	Sb	Tl	Pb
尾砂水/(mg/L)	0.027	0.400	1.120	0.003	0.002	0.200	0.008	0.001
工业水/(mg/L)	0.013	0.031	0.002	<0.001	0.001	0.001	<0.001	0.001

元素 水的类型	Bi	K	Na	Ca	Mg	P	Si	S
尾砂水/(mg/L)	<0.001	64.0	540.0	320.0	748.0	842.5	5.10	437.0
工业水/(mg/L)	<0.001	2.0	6.0	36.80	25.00	<0.5	6.30	

表 6-2 尾砂水和工业水阴离子测试结果

测试项目 水的类型	电导率	pH	HCO_3^- /(mg/L)	Cl^- /(mg/L)	SO_4^{2-} /(mg/L)	NO_3^- /(mg/L)
尾砂水	5.32	5.31	193.75	418.98	841.59	3.51
工业水	0.47	8.47	133.86	4.56	62.03	1.21

考虑水的化学性质对矿山环境影响和充填影响,对尾砂水和工业水从两个方面进行评价。水对环境影响主要是作为充填用水应符合《污水综合排放标准》,表 6-1 和表 6-2 的测试结果表明:工业水的化学组成完全符合国家标准,尾砂水 4 种元素超标,为 As、Mn、P、S。超标元素与国家标准对比见表 6-3。因此,充填过程中应尽可能地用工业水稀释尾砂或用化学方法进行无害化处理,以保证井下充填采场溢流水满足国家标准。

表 6-3 尾砂水超标元素

元素	国家标准要求/(mg/L)	测试分析结果/(mg/L)
As	<0.5	1.12
Mn	<2.0	9.30
P	<1.0	842.50
S	<2.0	437.00

水的化学性质对充填体影响较大的是水中含的硫及硫化物、磷及磷酸根、氯离子等。由表 6-1 和表 6-2 可知,工业水中含硫及硫化物、磷元素均较低;尾砂水中硫和硫酸根、磷和磷酸根含量均较高,其可能对充填体强度产生的影响值得注意。

(5)充填用水泥特性

如表 6-4 所示。

表 6-4		充填用水泥特性分析			
样品	细度(0.045 mm 筛余)/%	初凝时间/min	终凝时间/min	28 d 抗折强度/MPa	28 d 抗压强度/MPa
水泥	11.0	162	203	6.6	31.5

6.3.2 流变参数影响因素及其测定

查阅邓代强等、季韬等[7,8]的关于神经网络对流变参数预测的文献发现,他们在计算过程中均忽略了输入样本数据存在信息重复和叠加问题。然后,当输入因子存在相关性时,将会对神经网络的预测精度带来影响。本章针对以上问题,引入主成分分析法,在进行神经网络预测前,先进行主成分分析,将原有的输入因子转化为新的输入变量,不改变原有数据样本的情况下,降低了输入因子数目,并且消除了输入因子之间的相关性,有利于提高计算精度和计算效率。所构建的新的组合模型,如图 6-5 所示。

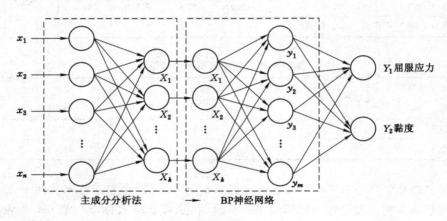

图 6-5　主成分分析与神经网络结合胶结充填料浆流变参数预测模型

胶结充填料浆作为多相料浆,其流变参数受多个因素影响,选取输入因素为充填料浆浓度(X_1)、砂灰比(X_2)、料浆体积密度(X_3)和坍落度(X_4),选取输出因素为充填料浆屈服应力(Y_1)、黏度(Y_2)。为了使实验结果准确可靠,配比实验条件尽量与矿山生产现场条件保持一致,实验尾砂取自矿山充填站充填尾砂,胶凝材料采用目前充填站使用的散装水泥,充填料浆黏度采用 Thermo HAAKE 流变仪测定,充填料浆坍落度由 10 cm×10 cm 柱形坍落筒进行测试,浓度变化范围为 70%～80%,砂灰比选择 4、6、8 和 10。胶结充填料浆配比及流变参数统计表如表 6-5 所示。

表 6-5		胶结充填料浆配比及流变参数统计表			
浓度/%	砂灰比	体积密度/(kg/m³)	坍落度/m	屈服应力/Pa	黏度/(Pa·s)
70	4	1.85	0.080	43.85	1.35
70	6	1.84	0.083	48.74	1.51
70	8	1.84	0.085	50.92	1.57

续表 6-5

浓度/%	砂灰比	体积密度/(kg/m³)	坍落度/m	屈服应力/Pa	黏度/(Pa·s)
70	10	1.84	0.088	35.62	1.09
72	4	1.89	0.080	73.51	2.27
72	6	1.89	0.080	67.44	2.08
72	8	1.89	0.081	65.50	2.03
72	10	1.89	0.082	66.48	2.05
74	4	1.94	0.060	142.15	4.41
74	6	1.94	0.065	111.05	3.43
74	8	1.94	0.070	80.47	2.48
74	10	1.93	0.073	94.42	2.91
76	4	1.99	0.037	175.96	5.44
76	6	1.99	0.039	177.56	5.46
76	8	1.99	0.040	154.19	4.79
76	10	1.99	0.033	124.95	3.86
78	4	2.04	0.017	300.05	9.38
78	6	2.04	0.019	341.78	10.82
78	8	2.04	0.016	338.25	7.56
78	10	2.04	0.017	322.47	9.24
80	4	2.13	0.012	533.92	12.11
80	6	2.13	0.013	542.38	13.06
80	8	2.13	0.014	521.31	10.97
80	10	2.13	0.012	532.10	12.53

6.3.3　流变影响因素相关性分析

　　SPSS(Statistics Package for Social Science)由于其强大的数据管理与分析能力,被应用于各个行业。SPSS 主要作用是对输入数据进行管理、统计分析、图表分析等,并随着软件的发展,增加了更多实用的功能,如神经网络、线性规划等。同时,该软件对输入数据和输出结果进行多种统计分析,如描述统计、主成分分析、列联分析、时间序列分析、总体的均值比较、相关分析、模型分析、回归聚类分析、非参数检验等多个大类。该软件界面友好,操作简单,易于掌握,所以在社会、经济、工程等领域拥有数以万计的用户。

　　由表 6-6 可以看出,胶结充填料浆体积密度和浓度,以及坍落度和浓度存在显著相关性,这势必会对神经网络计算精度和效率带来一定的影响。所以,对原来的样本数据进行主成分分析是非常有必要的。并根据图 6-5 分两步骤对流变参数进行预测。

表 6-6 流变参数影响因素相关性分析

相关性分析		浓度/%	砂灰比	体积密度/(kg/m³)	坍落度/m
浓度/%	Pearson 相关性	1	0.000	**0.992**	**−0.969**
	显著性(双侧)		1.000	0.000	0.000
	N	24	24	24	24
砂灰比	Pearson 相关性	0.000	1	−0.012	0.041
	显著性(双侧)	1.000		0.957	0.849
	N	24	24	24	24
体积密度/(kg/m³)	Pearson 相关性	**0.992**	−0.012	1	**−0.955**
	显著性(双侧)	0.000	0.957		0.000
	N	24	24	24	24
坍落度/m	Pearson 相关性	**−0.969**	0.041	**−0.955**	1
	显著性(双侧)	0.000	0.849	0.000	
	N	24	24	24	24

注:黑体说明输入因子显著相关。

6.3.4 流变影响因素主成分提取

主成分分析是将原来众多具有一定相关性的指标,重新组合成一组新的互相无关的综合指标来代替原来的指标。主成分分析,是考察多个变量间相关性的一种多元统计方法,研究如何通过少数几个主成分来揭示多个变量间的内部结构,即从原始变量中导出少数几个主成分,使它们尽可能多地保留原始变量的信息,且彼此间互不相关。利用 SPSS 中的主成分分析功能对表 6-5 中的数据进行分析。首先进行指标数据标准化,然后选取参数主成分列表、主成分碎石图、主成分分析矩阵模型等。结果如表 6-7 所示。

表 6-7 指标数据标准化

序号	X_1	X_2	X_3	X_4
1	−1.433 03	−1.313 39	−1.248 18	1.017 34
2	−1.433 03	−0.437 80	−1.350 77	1.118 51
3	−1.433 03	0.437 80	−1.350 77	1.185 96
4	−1.433 03	1.313 39	−1.350 77	1.287 13
5	−0.859 82	−1.313 39	−0.837 82	1.017 34
6	−0.859 82	−0.437 80	−0.837 82	1.017 34
7	−0.859 82	0.437 80	−0.837 82	1.051 06
8	−0.859 82	1.313 39	−0.837 82	1.084 78
9	−0.286 61	−1.313 39	−0.324 87	0.342 86

序号	X_1	X_2	X_3	X_4
10	$-0.286\,61$	$-0.437\,80$	$-0.324\,87$	$0.511\,48$
11	$-0.286\,61$	$0.437\,80$	$-0.324\,87$	$0.680\,10$
12	$-0.286\,61$	$1.313\,39$	$-0.427\,46$	$0.781\,27$
13	$0.286\,61$	$-1.313\,39$	$0.188\,08$	$-0.432\,79$
14	$0.286\,61$	$-0.437\,80$	$0.188\,08$	$-0.365\,34$
15	$0.286\,61$	$0.437\,80$	$0.188\,08$	$-0.331\,62$
16	$0.286\,61$	$1.313\,39$	$0.188\,08$	$-0.567\,69$
17	$0.859\,82$	$-1.313\,39$	$0.701\,03$	$-1.107\,27$
18	$0.859\,82$	$-0.437\,80$	$0.701\,03$	$-1.039\,82$
19	$0.859\,82$	$0.437\,80$	$0.701\,03$	$-1.140\,99$
20	$0.859\,82$	$1.313\,39$	$0.701\,03$	$-1.107\,27$
21	$1.433\,03$	$-1.313\,39$	$1.624\,34$	$-1.275\,89$
22	$1.433\,03$	$-0.437\,80$	$1.624\,34$	$-1.242\,16$
23	$1.433\,03$	$0.437\,80$	$1.624\,34$	$-1.208\,44$
24	$1.433\,03$	$1.313\,39$	$1.624\,34$	$-1.275\,89$

由图 6-6 可以看出,输入因子 1 与因子 2,以及输入因子 2 和因子 3 之间的特征值差较大,而输入因子 3 和因子 4 之间的特征值差较小,这说明重新置换后的信息矩阵中,前两组信息即可基本概括原有数据样本,且与表 6-8 前两组数据的累计贡献率反映的情况一致。虽然利用重新获取的信息矩阵中前两组数据代替原来四组数据存在一定的误差,但可以涵盖原有样本 98% 的信息,计算结果可靠,减少了输入因子数目,且计算效率提高。

由表 6-8 可知,前两组数据可以作为整个样本数据的主成分,并且这两个主成分可以涵盖原有数据样本 98% 的信息,满足主成分分析中要求新的样本信息必须可以代替原有信息 75%～85% 的要求[11]。

表 6-8　　　　　　　　X_1～X_4 各成分方差贡献率及累计贡献率

成分	初始特征值			累计贡献率		
	合计	方差的比重/%	累积/%	合计	方差的比重/%	累积/%
X_1	2.945	73.622	73.622	2.945	73.622	73.622
X_2	1.000	25.012	98.634	1.000	25.012	98.634
X_3	0.048	1.210	99.844			
X_4	0.006	0.156	100.000			

利用 SPSS 软件,计算得出主成分的系数矩阵(表 6-9),同时也说明了两个主成分和原有数据样本的关系,由此可以得出:

$$Z_1 = 0.338X_1 - 0.009X_2 + 0.337X_3 - 0.334X_4 \tag{6-14}$$

$$Z_2 = 0.027X_1 - 0.999X_2 + 0.015X_3 - 0.016X_4 \tag{6-15}$$

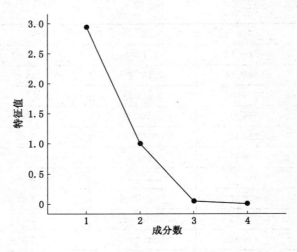

图 6-6　主成分分析碎石图

根据上述表达式对标准化后的数据（表 6-7）进行主成分分析计算，计算后的数据见表 6-10。

表 6-9　主成分因子载荷矩阵

系数	成分	
	Z_1	Z_2
a	0.338	0.027
b	-0.009	0.999
c	0.337	0.015
d	-0.334	0.016

表 6-10　主成分计算后的实验数据

试样编号	Z_1	Z_2	屈服应力/Pa	黏度/(Pa·s)
1	$-1.232\,97$	$1.274\,39$	43.85	1.35
2	$-1.309\,22$	$0.399\,356$	48.74	1.51
3	$-1.339\,62$	$-0.474\,88$	50.92	1.57
4	$-1.381\,3$	$-1.348\,93$	35.62	1.09
5	$-0.900\,94$	$1.290\,709$	73.51	2.27
6	$-0.908\,82$	$0.416\,121$	67.44	2.08
7	$-0.927\,96$	$-0.458\,3$	65.50	2.03
8	$-0.947\,1$	$-1.332\,71$	66.48	2.05
9	$-0.309\,05$	$1.304\,41$	142.15	4.41
10	$-0.373\,25$	$0.430\,723$	111.05	3.43
11	$-0.437\,45$	$-0.442\,97$	80.47	2.48
12	$-0.513\,69$	$-1.318\,01$	94.42	2.91

试样编号	Z_1	Z_2	屈服应力/Pa	黏度/(Pa·s)
13	0.316 63	1.317 57	175.96	5.44
14	0.286 221	0.443 342	177.56	5.46
15	0.267 078	−0.431 08	154.19	4.79
16	0.338 045	−1.306 93	124.95	3.86
17	0.908 515	1.331 271	300.05	9.38
18	0.878 106	0.457 043	341.78	10.82
19	0.904 017	−0.418 1	338.25	7.56
20	0.884 874	−1.292 5	322.47	9.24
21	1.469 734	1.351 618	533.92	12.11
22	1.450 588	0.477 21	542.38	13.06
23	1.431 445	−0.397 21	521.31	10.97
24	1.446 093	−1.272 16	532.10	12.53

6.3.5　BP 网络模型的设计、训练与预测

利用 6.2 节所构建的网络拓扑结构及计算程序：Z_1 和 Z_2 作为输入因素，胶结充填料浆的屈服应力和充填料浆强度作为输出因素。同时把表 6-10 中的数据分成两个样本集：训练样本集(1~20)；预测样本集(21~24)。在建模过程中有关参数选取为：学习率 0.92，冲量系数 0.8，通过优化计算最终得出的网络结构为 7:15:2，利用计算工具 Matlab 可得出预测结果，如表 6-11 和表 6-12 所示。可知，基于主成分和 BP 神经网络的预测误差均控制在 5% 以内，而且对比未经过主成分分析的 BP 网络预测结果，在计算精度方面有了明显的提高，同时也说明引入主成分分析法到胶结充填料浆流变参数预测中是非常有必要的。

表 6-11　　屈服应力 BP 网络预测与 PCA-BP 网络预测结果对比

试样编号	屈服应力期望输出	经过主成分提取		未经主成分提取	
		BP 预测值	相对误差/%	BP 预测值	相对误差/%
21	533.92	514.86	3.57	475.94	10.86
22	542.38	537.93	0.82	503.55	7.16
23	521.31	513.28	1.54	476.95	8.51
24	532.10	506.93	4.73	504.38	5.21

表 6-12　　黏度 BP 网络预测与 PCA-BP 网络预测结果对比

试样编号	黏度期望输出	经过主成分提取		未经主成分提取	
		BP 预测值	相对误差/%	BP 预测值	相对误差/%
21	12.11	11.61	4.17	11.40	5.84
22	13.06	12.89	1.33	12.12	7.16
23	10.97	10.69	2.54	10.04	8.51
24	12.53	12.42	0.89	17.77	6.09

6.4 本章小结

　　本章建立了基于主成分分析法与 BP 网络相结合的胶结充填料浆流变参数预测模型，首先采用主成分分析法对输入数据预处理，减少网络输入因子数，同时使输入因子彼此不相关，并且数据包括的主要信息还保留在主成分中。该法简化了网络结构，提高了网络学习速度，得到了较高的精度，大大提高了建模质量；并将 SPSS 统计软件引入胶结充填设计与统计中，应用 SPSS 统计软件包增强统计学理论和方法分析，有利于解决矿山管理与科研实际问题。结果表明：经过主成分提取后的 BP 预测值与期望输出值之间的误差都控制在 5% 以内；同时，通过与未经主成分提取的 BP 预测值和期望输出值之间误差对比，其预测精度有了明显的提高。

参 考 文 献

[1] 胡小芳,苏志学. 改进坍落筒法测定新拌混凝土流变性能[J]. 混凝土,2006(8):64-68.

[2] Yamaguchi U,Yamatomi J. A consideration on the effect of backfill for the ground stability[C]//Lulea：Proc. of the Internat. Symp. on Mining with Backfill,1984:7-9.

[3] Gundersen R E. Hydro-power-extracting the coolth[J]. Journal of The South African Institute of Mining and Metallurgy,1990,90(5):103-109.

[4] Sun Henghu,Liu Wenyong,Huang Yucheng,et al. Use of high-water rapid-solidifying material as backfill binder and its application in metal mines[M]. Brisbane：Australian Institute of Mining and Metallurgy Publication,1998:21-24.

[5] Potgieter J H,Potgieter S S. Mining backfill formulations from various cementitious and waste materials[J]. Indian Concrete Journal,2003,77(5):1071-1075.

[6] Banfill P F G. The rheological behavior of cement and concrete[J]. Mag. Concr. Res.,1991(3):1-21.

[7] 季韬,林挺伟,郑忠双. 水泥胶砂流动度预测方法的研究[J]. 建筑材料学报,2005,8(1):17-22.

[8] 邓代强,朱永建,李健,等. 基于 BP 神经网络的充填料浆流变参数预测分析[J]. 武汉理工大学学报,2012,34(7):1-5.

[9] 李云,刘霁. 神经网络与主元分析在采矿工程中的应用[J]. 中南林业科技大学学报,2010,30(6):141-146.

[10] 王淑红,李英龙,戈保梁. 主成分分析法与神经网络在选矿建模中的应用[J]. 有色矿冶,2001,17(6):25-28.

[11] 陈建宏,刘浪,周智勇,等. 基于主成分分析与神经网络的采矿方法优选[J]. 中南大学学报(自然科学版),2010,41(5):1967-1972.

[12] 李英龙,严碧. SPSS 统计软件包在矿山统计分析中的应用[J]. 黄金,2000,21(5):17-20.

[13] 叶双峰. 关于主成分分析做综合评价的改进[J]. 数理统计与管理,2001,20(2):52-56.

［14］ 林杰斌,刘明德. SPSS 10. 0 与统计模式建构［M］. 北京:人民统计出版社,2001: 185-190.

［15］ Takato Hiraki, Noriyoshi Shiraishi, Nobuya Takezawa. Cointegration, common factors, principal components analysis, and the term structure of yen offshore interest rates ［J］. International Review of Financial Analysis,2012(24):48-56.

［16］ Boente G, Pires A M, Rodrigues I M. Robust tests for the common principal components model［J］. Journal of Statistical Planning and Inference,2009(89):159-182.

［17］ Litterman R, Scheinkman J. Common factors affecting bond returns［J］. Journal of Fixed Income,1991(1):54-61.

［18］ Novosyolov A, Satchkov D. Global term structure modeling using principal components analysis［J］. Journal of Asset Management,2008(9):49-60.

［19］ Cheng X J, Wang C N, Chen S T. Neural Network Theory and Its Applications［M］. Beijing: National Defense Industry Press,1995.

［20］ Russo F, Ramponi G. Fuzzy methods for multi-sensor data fusion［J］. IEEE Trans on Instrum Meas,1994,43(2):288-294.

［21］ Ma Haibo, Zhang Liguo, Chen Yangzhou. Recurrent neural network for vehicle deadreckoning［J］. Journal of Systems Engineering and Electronics,2008,19(2):351-355.

［22］ Wan W, Fraser D. Multi-source data fusion with multiple self-organizing maps［J］. IEEE Trans on Geosci Remote Sensing,1999,37(3):1344-1349.

［23］ Chen H X, Wu X W, Huang Z C. Multi-sensors information based on neural network integration［J］. Wuhan Polytechnic University Journal,2001(6):13-15.

［24］ 杨文斌,陈眉雯. 利用神经网络预测木材径向导热系数［J］. 林业科学,2006(3): 590-595.

［25］ Ashit Talukder, David Casasent. A closed-form neural network for discriminatory feature extraction from high-dimensional data［J］. Neural Networks,2001,14(9):1201-1208.

［26］ Emad W Saad, Donald C. Wunsch Ⅱ. Neural network explanation using inversion［J］. Neural Networks,2007,20(1):78-93.

［27］ Shigeo Abe, Masahiro Kayama, Hiroshi Takenaga, et al. Extracting algorithms from pattern classification neural networks［J］. Neural Networks,1993,6(5):729-735.

［28］ Tarek M Nabhan, Albert Y Zomaya. Toward generating neural network structures for function approximation. Toward generating neural network structures for function approximation［J］. Neural Networks,1994,7(1):89-99.

［29］ De Laurentis J M, Dickey F M. A convexity-based analysis of neural networks［J］. Neural Networks,1994,7(1):141-146.

第7章 采空区胶结充填料浆流动沉降规律研究

近年来,随着人们对环境保护的关注及绿色开采的提倡,充填采矿的应用越来越广泛。充填料浆充填环保、节能、减排、安全、高效等优点使其成为矿山充填技术的重要发展方向,被称为绿色开采新技术[1]。充填材料在地面经过一系列工艺制备得到符合要求的胶结充填料浆,再经输送管道输送至采空区。经由输送管道流出的充填料浆在采空区流动沉降直到将采空区完全充填,在充填料浆流动沉降过程中,组成充填料浆的充填骨料颗粒随着充填料浆一起流动沉降,不同大小的颗粒其流动过程中所受到的外力作用不同,导致其运动轨迹不一样,在采空区充填料浆的这种运移会导致颗粒的重新分布,这种颗粒重新分布使得采空区充填料浆稳定后强度呈现不均匀性,这对充填质量会产生重要影响,因此研究采空区充填料浆流动沉降规律及颗粒浓度分布特征,对充填料浆充填质量及矿山安全生产都具有重要意义。

目前,关于充填料浆在采空区流动沉降方面的研究较少。Pullum 等(2006)对充填料浆的流动行为进行试验研究。Simms 等(2007)对非牛顿泥浆流动沉降进行研究,并对沉降的几何结构进行分析。对于高浓度充填料浆的沉降几何结构的研究,国内外学者假定流动浆体流速和雷诺数较小,构建基于润滑理论非牛顿体料浆沉降几何结构模型。中南大学王新民教授等研究得出在无限水平面上充填料浆流动规律呈正态分布。傅旭东、王光谦等基于动力学理论研究了低浓度固液两相流中泥沙的粗颗粒浓度分布规律;倪晋仁、王光谦等在低浓度固液两相流动理论的研究前提下,提出了对高浓度固液两相流中泥沙浓度分布的一个修正模型;林雪松、陈殿强等对倪晋仁提出的积分形式的浓度分布统一公式进行了求解研究。关于颗粒浓度分布的研究主要集中在泥沙运动方面,关于充填料浆在采空区流动沉降后充填体颗粒浓度分布的研究目前还未开展,但是采空区充填料浆颗粒浓度分布规律对充填质量有很大影响,尤其是颗粒浓度分布不均匀性对充填体强度的影响很大。依据充填料浆流变特性,研究了充填料浆流动沉降机理,充填料浆在流动沉降过程中,粗颗粒骨料沉降速度快,容易在充填入口近端积聚,细颗粒骨料流动性较好,容易在远端积聚,另外由于沉降作用,在底部粗颗粒含量较多,细颗粒含量较少,这种流动沉降作用导致充填料浆充填的不均匀性。以相似理论为基础,通过水槽模型实验模拟充填料浆充填,获得充填料浆不同粒径颗粒分布规律,在流动方向上,离充填入口距离越大,粗颗粒含量越小,细颗粒含量越大,在沉降方向上,高度增加,粗颗粒含量越小,细颗粒含量越大;充填料浆强度受到充填料浆颗粒含量构成影响,一般粗颗粒含量越大,其单轴抗压强度越大,充填料浆流动沉降过程中,颗粒分布不均匀性导致其充填料浆强度分布不均匀及充填料浆沉降不均匀。提出了采空区充填体强度评价方法,认为在采空区充填区域同时存在强度增强和损失区域,但只要该区域充填体强度大于规定的有效强度,即认为充填达到标准要求。

7.1　充填料浆运动力学理论基础

胶结充填料浆主要由尾砂、胶结材料、粗骨料、改性材料和水构成,其中胶结材料包括有:普通硅酸盐水泥、矿渣硅酸盐水泥、火山灰质硅酸盐水泥、钢渣水泥、全砂土胶固材料;粗骨料包括有:冶炼水淬渣、棒磨砂、废石等;改性材料有:粉煤灰、早强剂、减水剂、减阻剂等。由以上充填料浆构成材料看,胶结充填料浆属于固液两相流的范畴,具有非牛顿流体的特性。关于胶结充填料浆在采空区流动方面的研究是以固液两相流理论为基础,典型的固液两相流运动力学模型[2-6]有以下三种。

7.1.1　宾汉塑性体模型

宾汉流体(也称宾汉塑性流体或宾汉塑料),是非牛顿流体的一种,通常是一种黏塑性材料,在低应力下,它表现为刚性体;但在高应力下,它会像黏性流体一样流动,且其流动性为线性的。当作用在胶结充填料浆上的剪应力达到最小剪应力时,这些充填料浆便处于流动状态。如胶结充填料浆坍落度实验过程中,当充填料浆自重大于剪切应力时才能发生变形与流动。描述宾汉流体的数学形式是由尤金·宾汉提出的,故命名为宾汉模型。

宾汉模型的数学形式为:

$$\tau = \tau_0 + \eta \frac{\mathrm{d}v}{\mathrm{d}y} \tag{7-1}$$

其中　τ——剪切应力;

　　　τ_0——最小剪切应力;

　　　η——运动黏度系数;

　　　$\frac{\mathrm{d}v}{\mathrm{d}y}$——剪切速率。

胶结充填料浆在受到外部剪切力作用时发生流动变形,内部相应产生对变形的抵抗,并满足以下两种情况:

$$\frac{\mathrm{d}v}{\mathrm{d}y} = \begin{cases} 0 & \tau < \tau_0 \\ (\tau - \tau_0)/\mu_\infty & \tau > \tau_0 \end{cases} \tag{7-2}$$

通过宾汉模型与胶结充填料浆实验对比,发现高浓度胶结充填料浆其流动性符合宾汉模型,在实践过程中也同样将宾汉模型作为研究胶结充填料浆沉降流动的基本理论模型。

7.1.2　膨胀体模型

膨胀性流体的主要特征是剪切速率很低时,流动性为基本等同牛顿型流体;剪切速率超过某个临界值后,剪切黏度不是随 $\dot\gamma$ 的增大而减小,恰恰相反,剪切速率越大,黏度越大,呈剪切变稠效应。当流体发生剪切变稠时,流体表观"体积"略有变大,故称为膨胀性流体。由于材料黏度的改变,一般与材料内部结构的改变有关,因此可以认为,当发生剪切变稠时,流体内多半形成了某种结构。大多数膨胀流体为多相混合体系,其中固体物含量较多,且浸润性不好,如泥沙、沥青、混凝土等。

1954 年 Bagnold 提出膨胀体模型,在检验流体中颗粒碰撞动量转化时,发现存在以下关系式：

$$\begin{cases} \tau = \alpha \left(\dfrac{\mathrm{d}v}{\mathrm{d}y} \right)^2 \\ \alpha = \alpha_1 \rho_s (\lambda d)^2 \sin \alpha \end{cases} \tag{7-3}$$

从式(7-3)可知，流体剪切应力与剪切速率呈正比，系数 α 是流体密度、粒径分布、浓度的函数。通过实验室对膨胀体的测试，得到经验性系数 $\alpha_1 = 0.014\ 2$，动摩擦系数 $\sin \alpha = 0.31$。故式(7-3)变换为：

$$\tau = \alpha_1 \rho_s (\lambda d)^2 \sin \alpha \left(\frac{\mathrm{d}v}{\mathrm{d}y} \right) = k_1 \rho_s (\lambda d)^2 \left(\frac{\mathrm{d}v}{\mathrm{d}y} \right)^2 \tag{7-4}$$

其中，$k_1 = \alpha_1 \sin \alpha$。

通过式(7-4)可知，其系数都是源自实验获取，根据实验条件的不同，结果也会发生变化。关于膨胀体模型的研究，在继 Bagnold 之后，有过许多类似的实验研究，结果与 Bagnold 有一定差异。虽然以上模型具有一定的经验性，但是为研究膨胀流体提供了理论基础。

7.1.3 假塑性流体模型

绝大多数高分子液体属于假塑性流体。假塑性流体的主要特征是当流动很慢时，剪切黏度保持常数，而随着剪切速率的增大，剪切黏度反常地减小。典型的高分子液体的流动曲线见图 7-1。图中曲线大致可分为三个区域：当剪切速率 $\dot{\gamma} \to 0$ 时，$\sigma\text{-}\dot{\gamma}$ 呈线性关系，液体流动性质与牛顿流体相仿，黏度趋于常数，称零剪切黏度 η_0。这一区域称线性流动区，或第一牛顿区。零剪切黏度 η_0 是物料的一个重要材料常数，与材料的平均相对分子质量、黏流活化能相关，是材料最大松弛时间的反映。

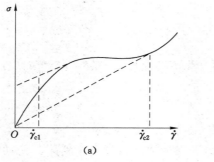 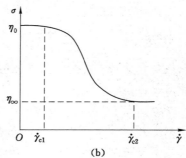

图 7-1　假塑性流体流动曲线

当剪切速率超过某一临界剪切速率 $\dot{\gamma}_c$ 后，材料流动性质出现非牛顿性，剪切黏度（实际上是表观剪切黏度，即 $\sigma\text{-}\dot{\gamma}$ 曲线上一点与坐标原点连线的斜率）随剪切速率 $\dot{\gamma}$ 的增大而逐渐下降，出现"剪切变稀"行为。这时曲线上一点的切线与 σ 轴的交点类似于 Bingham 塑性体的屈服点，故称为假塑性区域或称非牛顿流动区，或剪切变稀区域。当剪切速率非常高，$\dot{\gamma} \to \infty$ 时，剪切黏度又会趋于另一个定值 η_∞，称无穷剪切黏度，这一区域有时称第二牛顿区。这一区域通常很难达到，因为在此前，流动已破坏，变得极不稳定。

假塑性体是描述剪切应力和剪切应变速率之间的关系，可以通过幂律函数来表示：

$$\tau = K\left(\frac{\mathrm{d}v}{\mathrm{d}y}\right)^{n} = K\left(\frac{\mathrm{d}\gamma}{\mathrm{d}t}\right)^{n} = K\dot{\gamma} \tag{7-5}$$

其中　K——稠度；

　　　$\dot{\gamma}$——剪切速率；

　　　n——流动性指数。

幂律方程是一种较能反映黏性液体流变性质的经验性数学关系式,它在有限的范围内(剪切速率在一个数量级范围内)有相当好的准确性,并且具有形式简单、使用方便的特点,目前应用最广。对一定的成型加工过程来说,剪切速率总不可能很大,因此,指数定律在分析液体流变行为、加工能量的计算以及加工设备或模具的设计等方面都比较成功。但是,该方程有明显的缺陷,它不能预计低剪切速率和高剪切速率下的恒定黏度,而这恰恰是所有假塑性流体的物理特征。因此,幂律方程只适用于在中等剪切速率范围内描述假塑性流体的流变特性[7]。

幂律流体可以根据流动特性指数 n 的取值不同分为三类：

当 $n<1$ 时:假塑性流体；

当 $n=1$ 时:牛顿流体；

当 $n>1$ 时:膨胀流体。

7.2　尾砂沉降规律研究

目前,矿业主要面临的两大难题,即为资源开采的深部化和地表尾矿废石的灾害化[8]。矿业界学者普遍认为解决以上两个问题的最理想的方法是采用尾砂胶结充填采矿法[9]。尾砂为矿物洗选后剩余的废弃物,尾砂胶结充填具有减少占地,降低尾矿库的库存,减少环境的污染等优点,因此许多矿山选择尾砂作为充填的主要骨料。而尾砂沉降对料浆管道成功输送、接顶以及充填体强度有重要影响。固液两相流在颗粒管道中沉降会减少管道的有效通过面积,造成堵管等事故,影响矿山安全生产；另外,充填料浆中颗粒的沉降必然会导致最初料浆浓度的改变,影响充填体稳定性。鉴于此,为了解尾砂沉降规律,很多学者对料浆沉降进行了室内间歇性静置沉降实验研究,而没有发现采用数值模拟研究尾砂沉降的文献,特此采用 Fluent CFD 软件包对不同料浆浓度及不同平均粒径的尾砂进行自然沉降数值模拟。

7.2.1　尾砂沉降实验

实验室多利用量筒进行间歇沉降实验,通常用澄清液面随时间的改变表示沉降速度,用沉降终了时尾砂浓度作为压缩区的尾砂浓度。通常,采用 2 000 mL 的量筒进行室内静置沉降实验,如图 7-2 所示。实验方法如下：

(1)实验前的准备工作:在量筒侧线上做好刻度线。

(2)配料:根据实验方案,计算实验所需的充填材料和水量,并分别称取备用;为确保实验精度,实验采精密电子天平称量,其精度为 0.01 g。

(3)混合实验:先将称取的干尾砂加入到量筒中,再将称取的水注入量筒,然后密封量筒口,慢慢旋转量筒,使量筒上下倒置,停留片刻后即复原,来回三次后将量筒置于水平台面,并立即记录澄清层的高度和达到此高度的时间。开始沉降时澄清层下降速度较快,记录时间间隔应尽量密集:开始间隔记录时间定为 30 s 到 1 min 不等;随着澄清层下降速度的减慢,记录时间可慢慢加长,直至澄清层下降变量很小(即 10 min 下降量小于 1 mm)时可停止记录,实验结束。大部分沉降实验记录时间大于 1 h,以便确定沉降终了时的尾砂浓度。

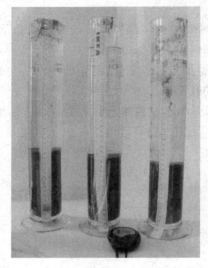

图 7-2　沉降实验装置

典型的尾砂沉降规律如图 7-3 所示,图中曲线点 a 为沉降的起始点,此点前为诱导期。当所测试的悬浮液浓度较低,同时忽略量筒器壁对颗粒沉降的影响,如果颗粒尺寸及形状相近,即使颗粒有一定的粒度分布,但如果不是细粒胶体,颗粒将会以终端速度下沉。如果固体浓度较稀,则颗粒将离析下沉,即粗料沉降速度快于细粒沉降速度,先期到达量筒底部。如果固体浓度较高,则会以粗颗粒夹带细颗粒同步下沉。最后表现为其沉降面以等速下降,直至 b 点;在 b—c 之间,由于悬浮液中的固相浓度增加,颗粒沉降速度减慢,进入干涉沉降阶段;c 点之后,矿浆进入等速压缩阶段。

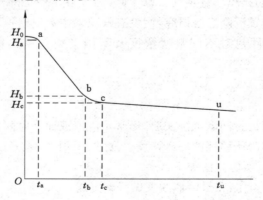

图 7-3　尾砂沉降曲线示意图

7.2.2　尾砂沉降理论模型

（1）多相流模型

多相流模型主要有离散相模型（DPM）、欧拉模型、混合模型以及 VOF 模型，前三个是适合颗粒流的模型，而 VOF 是适合有分界面的模型（表 7-1）。欧拉多项流模型基于平均 N-S 方程，可以计算任意粒子和连续相物质，对每一项求解守恒方程；混合模型是欧拉模型的简化，简化的基础是假设 stokes 数非常小；VOF 模型用来跟踪两种或者多种不相溶流体的界面位置，界面跟踪通过求解相连续方程完成，通过求出体积分量中急剧变化的点来确定分界面的位置。对于尾砂自然沉降模拟，需要得到尾砂浆液与水分层的情况，因此多相流模型选择欧拉模型。

表 7-1　　　　　　　　　　　　　　　　多相流模型适用范围

模　型	适　用　范　围
欧拉模型	可用于模拟颗粒物（或者液滴、气泡）在连续介质中的流动，各相间可相互分离和混合
混合模型	模拟颗粒分布较小的多相流体，可用于气泡、液滴和泥浆流的模拟
VOF 模型	模拟跟踪两种或者多种不相溶流体的界面位置

（2）湍流模型

湍流模型 1 方程的模型有 Spalart-Allmaras；2 方程的模型有标准 $k\text{-}\varepsilon$、RNG $k\text{-}\varepsilon$、realizable $k\text{-}\varepsilon$、标准 $k\text{-}\omega$、SST $k\text{-}\omega$、雷诺德应力模型、分离涡模拟及大涡模拟。标准 $k\text{-}\varepsilon$ 模型需要求解湍动能及其耗散率方程，它是工程中应用最广泛的湍流模型，运行稳定且相对精确，因此本次模拟湍流模型选择标准 $k\text{-}\varepsilon$ 模型。

7.2.3　尾砂沉降数值模拟步骤

研究流体运动就是研究各种流动参数在各个不同空间位置上随时间连续变化的规律，研究流体运动的方法有拉格朗日法和欧拉法，Fluent 是一款分析流体流动和传热等物理现象的数值模拟软件，Fluent 等计算流体力学（CFD）软件其求解的根本就是解方程，即质量守恒方程（N-S）、动量守恒方程以及能量守恒方程三方程，其矢量形式可分别表示为：

$$\frac{\partial \rho}{\partial t} + \mathrm{div}(\rho U) = 0 \tag{7-6}$$

$$\frac{\partial (\rho u)}{\partial t} + \mathrm{div}(\rho u U) = \mathrm{div}(\eta \mathrm{grad} u) + S_u - \frac{\partial P}{\partial x} \tag{7-7}$$

$$\frac{\partial (\rho T)}{\partial t} + \mathrm{div}(\rho U T) = \mathrm{div}(\frac{\lambda}{c_p} \mathrm{grad} u T) + S_T \tag{7-8}$$

一般实验室利用量筒进行自然沉降实验，采用 2 000 mL 的量筒进行室内静置沉降实验，本次模拟的几何模型尺寸与室内实验一致，采用 Fluent CFD 软件包对料浆浓度 C_w 分别为 25%、30%、35%、40%、50% 的尾砂，及平均粒径为 50 μm、100 μm、200 μm、500 μm、1 000 μm 的尾砂进行了自然沉降数值模拟。

尾砂自然沉降过程数值模拟主要分为：前处理、求解和后处理三个部分。前处理是指将具体问题转化成网格和计算域，在数值模拟过程中，前处理会直接影响后面两个过程的可行性、计算速度以及精度,网格质量越好,计算结果会更加精确;求解是根据实际条件和工程要求设定求解方法、各种条件、参数的计算过程;后处理则是指利用图表等形式对计算结果进行显示的过程。具体包括以下几个步骤:

（1）几何体建立及网格划分

Fluent 软件的前处理软件主要有 Gambit、icem CFD,本次模拟运用 Gambit 软件建立三维几何体,面网格采用 pave 形式,体网格采用四面体非结构网格 Tgrid 方式进行网格的划分,几何模型与水槽实验所用的水槽尺寸一致,长为 2 400 mm、宽为 300 mm、高为 900 mm,几何体模型形状及尺寸如图 7-4 所示。interbal size 设为 0.1,然后确定边界条件,输出 mesh 文件。

（2）边界条件的设定

Fluent 中边界条件主要有速度进口（出口）、压力进口（出口）、质量流入口（出口）、压力远场、进气风扇（排气）以及壁面等。本书模拟时将进口设为速度进口,其余边界均为管壁设为无滑移的壁面,并在竖直方向考虑重力加速度,设其值为 $-9.8\ m/s^2$。

图 7-4　几何模型及尺寸

（3）求解参数的设定

因为软件的局限性,相数太多不容易收敛,不能考虑尾砂的全部粒径,因此在模拟时选择全尾砂中所占比例比较大的几种不同粒径分别作为模拟的固相,与水构成两相流。尾砂密度为 2 760 kg/m^3,尾砂材料所占体积分数为 25%、30%、35%、40%、50%,尾砂粒径分别为 50 μm、100 μm、200 μm、500 μm、1 000 μm。

（4）求解方法的设置

Fluent 中求解器有压力和密度两个求解器,这两种求解器的求解对象是相同的,都是描述质量守恒、动量守恒、能量守恒三个连续方程以及动量方程和能量方程。

基于压力的求解器把动量和速度作为主要变量,Fluent 中提供了 SIMPLE、SIMPLEC、PISO 及 Coupled 四种压力速度耦合算法。基于压力求解器只能用隐式格式求解。基于密度求解器不同于压力求解器的是,不仅可以用隐式格式求解,还可以用显式格式求解。

（5）离散格式

Fluent 中离散格式有一阶迎风格式、二阶迎风格式、指数率格式、QUICK 格式以及中心插分格式。模型网格采用三面体网格划分,因此离散格式选择稳定的且计算精度相对高的二阶迎风格式。

（6）模拟设置

将画好的网格 mesh 文件读入 Fluent 软件中,检查网格,看网格是否有负体积,若有负体积的话即为网格质量差,确定计算区域。选择基于压力求解器,瞬态迭代,并在 Y 方向上考虑重力加速度。确定计算区域,然后选择欧拉多相流模型,湍流模型选择标准 k-ε 模型,定义材料属性,并设置主相和次相以及固相的粒径。设定固相的体积分数。在残差检测中设定收敛标准为 10^{-6},迭代步长设为 0.01 s,迭代步数为 18 000,对边界条件进行初始化,开始迭代。Fluent 模拟流程图如图 7-5 所示。

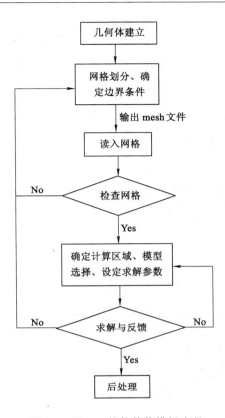

图 7-5　Fluent 软件数值模拟流程

7.2.4　尾砂沉降数值模拟结果分析

在实验室间歇沉降实验中通常用澄清液面随时间的改变表示沉降速度,本次模拟通过迭代一定步数后,量筒中料浆的尾砂浆液分层高度为 h,量筒高度为 H,模拟时每一步迭代的时间乘以迭代的总步数即为料浆沉降的物理时间 t,则尾砂自然沉降速率 v 即为:

$$v = \frac{H - h}{\Delta t} \tag{7-9}$$

料浆中尾砂自然沉降后,水与尾砂浆液分层,料浆沉降后的最终浓度 C_{wf} 可由下式计算:

$$C_{wf} = \frac{V C_w}{V - V_w} \tag{7-10}$$

式中　　V——量筒的总体积,即 2 000 mL;

　　　　C_w——料浆初始体积浓度,%;

　　　　V_w——尾砂自然沉降后上清液的体积,mL。

料浆沉降 3 min 后,由模拟得到的结果,按上述公式计算得到料浆沉降速率与最终浓度的数据如表 7-2 所示。

表 7-2 　　　　　　　　　　　　　　　　模拟结果数据

浓度/%	粒径/μm	上清液体积/mL	最终浓度 C_{wf}/%	沉降速率/(mm/s)
25	50	979.9	49.0	1.06
	100	888.9	45.0	1.11
	200	855.8	43.7	1.17
	500	815.2	42.2	1.22
	1 000	756.2	40.2	1.33
30	200	653.1	44.5	0.89
35	200	449.0	45.1	0.61
40	200	245.6	45.6	0.33
50	200	163.3	54.4	0.22

（1）料浆沉降对浓度的影响

料浆在搅拌后的最初阶段处于亚饱和状态，由于固体颗粒自重以及毛细压力的作用而发生自然沉降，随着时间的延长，料浆析水量增加，尾砂颗粒逐渐压密。根据模拟 3 min 后料浆沉降云图 7-6 可看出，经过 3 min 自然沉降后量筒中的料浆明显的分为两层，因为尾砂密度大于水的密度，尾砂在自重以及水浮力的综合作用下发生沉降，上层会逐渐析出为清水（含有少量尾砂颗粒），下层为尾砂浆液。尾砂粒径为 50 μm 时，尾砂浆液的高度为 250 mm，料浆沉降高度为 240 mm，则沉降后上清液的体积 V_w 为：

$$V_w = \frac{2\,000 \times 240}{490} = 979.9\ (\text{mL})$$

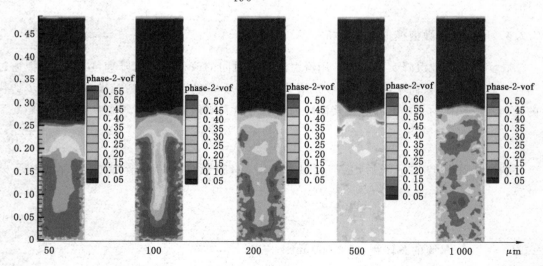

图 7-6　不同粒径料浆沉降云图（$C_w = 25\%$）

沉降后料浆的浓度 C_{wf} 为：

$$C_{wf} = \frac{2\,000 \times 25\%}{2000 - 980} = 49\%$$

最初料浆浓度为 25％，经过 3 min 自然沉降后料浆浓度增大到 49％，这是因为料浆此时还未完全沉降，下部的尾砂以混合浆液的形式存在，析出上部浆液之后，料浆中水的含量减少，因此料浆体积浓度增大。另外，随着尾砂颗粒粒径的增大，颗粒与颗粒之间的空隙增大，空隙中的含水量增加，尾砂的堆积高度增加，尾砂浆液的高度也随之增加，如图 7-6 所示。在初始浓度同为 25％ 的情况下，料浆最终浓度随着粒径的增大而减小，如图 7-7 所示。

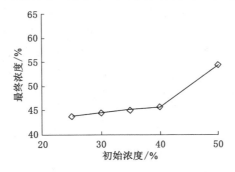

图 7-7　料浆初始浓度与最终浓度的关系

由图 7-8 可看出随着料浆浓度的增大，沉降后底部尾砂浆液高度随之增高，在粒径相同的情况下，尾砂颗粒的堆积形成的空隙大小一致，即堆积高度也一致，料浆经过沉降脱水之后，初始浓度大的料浆沉降后最终的浓度增加。

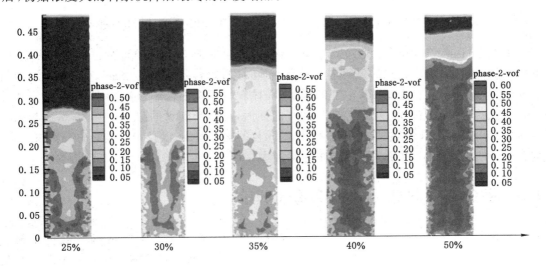

图 7-8　不同浓度料浆沉降云图（粒径为 200 μm）

在充填实践中料浆输送到采场，脱水之后，料浆浓度比初始浓度小，充填体所能达到的强度降低，因此在充填料浆配比设计时料浆沉降对浓度的影响不容忽视。

（2）浓度、粒径对尾砂自然沉降速率的影响

当料浆浓度很小时可认为是自然沉降，有学者认为当料浆浓度大于 3％ 时，可认为是干涉沉降[10]。颗粒在量筒中下沉时，根据水流连续定律可知，量筒中的颗粒向下沉降时，必然会引起一部分水与颗粒一起下降，则下降水流必然会同时引起相同体积水流向上运动，回流

流体会减缓颗粒的下沉,随着料浆浓度的增大,均匀料浆中尾砂颗粒之间接触得越紧密,在沉降的过程中颗粒彼此之间会给对方一个阻力,在下沉时颗粒之间的碰撞和摩擦加剧,料浆所受到的干扰程度增大。料浆浓度越大,固体颗粒之间产生碰撞的机会就越多,固体颗粒下沉的阻力也越大,另外料浆浓度增大,会增大流体的黏度,同样会对颗粒产生阻力,从而料浆中尾砂颗粒沉降速率随着浓度的增大而减小,如图 7-9 所示。

当浓度不变,粒径增大,单个颗粒的质量增大,其重力势能增大,因此颗粒克服水的阻力的能力增大,而颗粒小的料浆在同等浓度下颗粒数量比粒径大的颗粒多,颗粒数量多,与水接触的表面积增大,颗粒之间发生碰撞的机会增加,下降时水对其的阻力也增大,综合作用下使颗粒沉降阻力增大,从而随着尾砂粒径的增大,料浆的沉降速率增大,如图7-10所示。

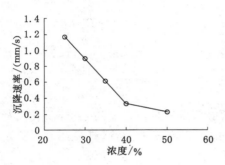 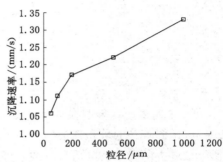

图 7-9　料浆浓度与沉降速率的关系　　　图 7-10　尾砂粒径与沉降速率的关系

由上分析,可以得出:① 通过对不同初始浓度与不同尾砂粒径的料浆进行模拟发现,随着粒径的增大,沉降后料浆的最终浓度减小;而随着初始料浆浓度的增加,沉降后最终的料浆浓度逐渐增大。② 随着料浆浓度的增加,固体颗粒下沉的速率逐渐减小,这是因为颗粒受到干扰的程度增大,颗粒间发生碰撞的可能性大,下沉受到水的阻力也越大,从而料浆下沉速率减小;随着尾砂颗粒粒径的增大,尾砂颗粒的重力增加,以及与水接触的表面积减小,颗粒受到的阻力减小,从而尾砂沉降的速率增大。

7.3　胶结充填料浆流动沉降基础理论

查阅关于胶结充填料浆在采空区流动沉降方面的研究发现非常缺乏,而胶结充填料浆在采空区的流动沉降效果直接影响到充填体质量,进而影响到充填体支护效果及采空区安全,所以研究胶结充填料浆在采空区的流动与沉降非常有必要[11-21]。本节借鉴沉降学和泥沙学的相关研究方法与理论,来分析胶结充填料浆流动沉降的流动规律、几何形状及分层现象,以期为胶结充填实践提供一定的理论与实践指导。

7.3.1　充填料浆流动沉降几何结构模型

(1)基于润滑理论胶结充填料浆沉降模型

胶结充填料浆从充填管口排出,在采空区沉降流动。对于高浓度胶结充填料浆的沉降几何结构的研究,国内外学者在基本假设基础上,构建基于润滑理论非牛顿体料浆沉降几何结构模型。假设：① 胶结充填料浆在水平方向流动，厚度变化范围不大；② 胶结充填料浆流速与雷诺数较小，故可以忽略动量方程中惯性与黏性力。

在以上假设的基础上，假设胶结充填料浆位于某斜面上（图 7-11），其动量方程为：

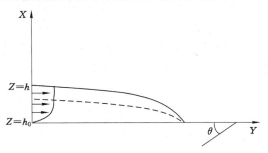

图 7-11　胶结充填料浆坡面沉降结构

$$\frac{\partial p}{\partial x} = \rho g \sin \theta + \frac{\partial \tau}{\partial z} \tag{7-11}$$

其中　p——压力，Pa；

　　　ρ——充填料浆密度，kg/m^3；

　　　θ——坡面与水平面夹角，($°$)；

　　　τ——剪切应力，Pa。

假设胶结充填料浆在斜面上属于静力学范畴，则有：

$$p = \rho g (h - z) \cos \theta \tag{7-12}$$

式中　h——充填料浆位于斜面某处的厚度，Pa。

将式(7-12)代入式(7-11)并进行解析，可得：

$$\tau = (h - z) \left[\rho g \cos \theta \left(\tan \theta - \frac{\partial h}{\partial x} \right) \right] \tag{7-13}$$

由式(7-13)可知，在 $z = 0$ 处，胶结充填料浆属于稳定的宾汉流体，且 $\theta = 0$，代入式(7-13)可得：

$$h^2 - h_0^2 = \frac{2\tau_y}{\rho g}(x - x_0) \tag{7-14}$$

同理，可以得出胶结充填料浆位于斜面任何位置的几何结构方程为：

$$h' - h_0' + \ln(1 - h') = x' - x_0' \tag{7-15}$$

式中，$h = h'[\tau_y / (\rho g \sin \theta)]$，$x = x' \cot \theta [\tau_y / (\rho g \sin \theta)]$。

关于充填料浆在采空区流动沉降的研究，Yuhi(2004)等人同样利用润滑理论对其几何结构进行分析，得出一维胶结充填料浆在沿流动方向沉降后充填体应力与几何结构的关系式：

$$\frac{\partial h}{\partial t} = \frac{gp}{\mu} \frac{dh}{dx} \frac{1}{6}(3h - h_y - 2H)(h_y - H) \tag{7-16}$$

式中　μ——动力黏度系数；

　　　h——充填料浆任一位置高度；

　　　h_y——柱塞流高度；

　　　H——胶结充填料浆高程。

其中，h_y 可由第 5 章中式(5-25)的屈服应力关系式获得：

$$\rho g (h - h_y) \frac{dh}{dx} = \tau_y \tag{7-17}$$

如果视胶结充填料浆符合宾汉流体，此时黏度系数始终为常数。通过式(7-16)可以获得胶结充填料浆在任何一位置上沉降几何结构。Julio Henriquez 等(2009)应用水槽实验模拟胶结充填料浆流动沉降几何结构，并对比式(7-14)，结果发现实验曲线与模拟曲线基本吻合，如图 7-12 所示。

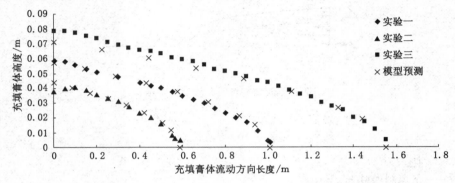

图 7-12　胶结充填料浆实验曲线与式(7-14)模型预测对比

（2）无限水平面上胶结充填料浆流动规律

中南大学王新民教授等研究得出，在无限水平面上充填料浆流动规律呈正态分布，如图 7-13 所示。

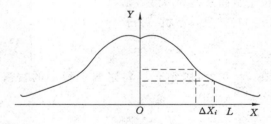

图 7-13　料浆在无限水平面上流动剖面图

当胶结充填料浆从管口排出时，在无限水平面上沉降成锥状体，并且顶部出现凹槽，在充填料浆进入采空区过程中，逐渐向两边扩散，并且浓度逐渐降低。假设胶结充填料浆沿管口为中心轴向两边运动，将 O 作为始点，沿 X 方向上 OL 进行 m 等分，故其步距为 $\Delta x = OL/m$。根据概率(0，1)分布可知：

$$P(A) = \begin{cases} 0 & \text{膏体不在区间 } \Delta x_i \text{ 内沉积} \\ 1 & \text{膏体在区间 } \Delta x_i \text{ 内沉积} \end{cases} \tag{7-18}$$

根据辽普诺夫极限定理可知，胶结充填料浆在沉降过程中符合正态分布 $N(\alpha, \delta^2)$，其坡面曲线模型为：

$$y = h e^{-\frac{x^2}{2\delta^2}} \tag{7-19}$$

式中，h 为胶结充填料浆沉降高度；δ^2 为均方差。均方差对于决定充填料浆沉降结构非常关键,其反映了充填料浆沉降时的陡缓,它由胶结充填料浆浓度、粒径分布、胶结材料的含量等共同决定。而在充填实践过程中,均方差都是由经验进行估值。

7.3.2　充填料浆流动沉降机理

胶结充填料浆是一种不稳定的悬浮系,其颗粒极易在水溶液中沉淀分层,而胶结充填料浆比一般的充填料浆更为稳定。胶结充填料浆进入采空区,充填料浆中的颗粒将发生沉淀分层,使浆液的均匀性降低,颗粒沉降后使浆体底部的密度变为最大,上部最小;由于浆体向远处冲刷,使得远处的细颗粒比近处的多。从尺寸效应出发,浆材颗粒的细度越高,渗入能力就越强。但细度越高,其比表面积也越大,在相同时间内颗粒的水化程度和絮凝程度就越快,从而导致浆液变稠,黏度增加。这就说明,颗粒细度会导致相对矛盾的两种效果,如果处理不当,对渗入能力和充填效果将造成不利的影响。

由图 1-5 和图 7-14 可知,胶结充填料浆进入采空区其分层机理主要体现在:① 在充填端口由于充填料浆冲刷会形成一个凹槽,并且在充填过程中形成一个锥形构筑物;② 粗颗粒比细颗粒沉降快,故靠近充填端口粗颗粒较多,细颗粒随浆体的移动向远端移动沉降;③ 新注入浆体按照第② 规律沿着已沉降充填料浆坡面流动沉降;④ 在充填过程中,沉降水在采空区远端聚集,并在远端排出。

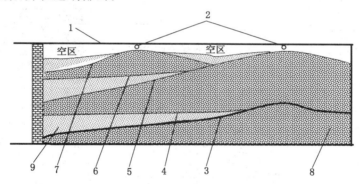

图 7-14　某矿细砂胶结充填体结构示意图(据《深井矿山充填理论与技术》)

1——进路顶板;2——关头位置;3——第一次充填沉降面;4——一、二两次充填分界面;5——第二次充填沉降面;
6——二、三两次充填分界面;7——第三次充填沉降面;8——砂子堆积区;9——细泥、水泥区

7.4　胶结充填料浆流动沉降模拟实验

在充填实践中,由于胶结充填料浆黏性的存在和边界条件的多样性,流动现象极为复杂,往往难以通过解析的方法求解,故不得不依赖实验研究。在充填实验过程中主要采用的方法有三种:现场工业试验、数值模拟和物理模型实验。现场试验成本高,试验环境难于控制,需要耗费大量的人力和物力,试验不方便;数值模拟,必须建立在完备理论模型基础上,而胶结充填料浆的流动沉降方面的研究甚少,故不适于应用数值模拟的方式对胶结充填料浆流动沉降进行模拟。相比前两种实验方法,物理模型实验具有实验成本低,可以在实验室完成,有效地控制环境对实验效果的影响等优点。本节根据矿山胶结充填工艺及程序,构建基于相似理论的水槽实验平台,对水槽实验的几何尺寸、动力及

初始条件等进行相似设计,目的是研究胶结充填料浆流动沉降规律,并分析沉降过程中不均匀等现象。

7.4.1 相似理论及实验平台设计

7.4.1.1 相似理论概述

(1) 流动相似

为了保证模型流动(用下标 m 表示)与原型流动(用下标 p 表示)具有相同的流动规律,并能通过模型实验结果预测原型流动情况,模型与原型必须满足流动相似,即两个流动在对应时刻对应点上同名物理量具有各自的比例关系,具体地说,流动相似就是要求模型与原型之间满足几何相似、运动相似和动力相似。

① 几何相似

几何相似是指模型和原型流动流场的几何形状相似,即模型和原型对应边长呈同一比例、对应角相等。如图 7-15 所示,有:

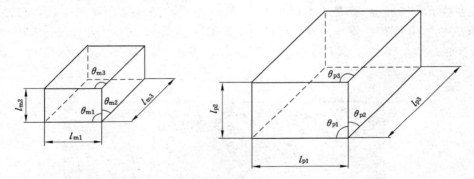

图 7-15 几何相似示意图

$$\frac{l_{m1}}{l_{p1}} = \frac{l_{m2}}{l_{p2}} = \frac{l_{m3}}{l_{p3}} = \cdots = \frac{l_m}{l_p} = k_l \tag{7-20}$$

$$\theta_{m1} = \theta_{p1}, \theta_{m2} = \theta_{p2}, \theta_{m3} = \theta_{p3} \tag{7-21}$$

式中,k_l 称为长度比尺,则有:

面积比尺为:

$$k_A = \frac{A_m}{A_p} = \frac{l_m^2}{l_p^2} = k_l^2 \tag{7-22}$$

体积比尺为:

$$k_V = \frac{V_m}{V_p} = \frac{l_m^3}{l_p^3} = k_l^3 \tag{7-23}$$

② 运动相似

运动相似是指模型和原型流动的速度场相似,即两个流动在对应时刻对应点上的速度方向相同、大小呈同一比例。如图 7-16 所示,则有:

$$\frac{u_{m1}}{u_{p1}} = \frac{u_{m2}}{u_{p2}} = \cdots = \frac{u_m}{u_p} = k_u \tag{7-24}$$

式中,k_u 为速度比尺。由于各对应点速度呈同一比例,相应断面的平均速度必然有同样的

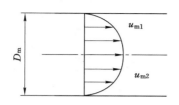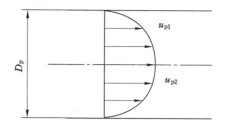

图 7-16　运动相似机理

比尺。

$$k_v = \frac{v_m}{v_p} = k_u \tag{7-25}$$

将 $v = l/t$ 代入上式,可得:

$$k_v = \frac{v_m}{v_p} = \frac{l_m/t_m}{l_p/t_p} = \frac{l_m/t_p}{l_p/t_m} = \frac{k_l}{k_t} \tag{7-26}$$

式中,$k_t = t_m/t_p$ 称为时间比尺。同样,其他运动学物理量的比尺也可以表示为长度比尺和时间比尺的不同组合。如:

加速度比尺:

$$k_a = \frac{k_v}{k_t} = k_l k_t^{-2} \tag{7-27}$$

流量比尺:

$$k_Q = k_v k_A = k_l^3 k_t^{-1} \tag{7-28}$$

运动黏度比尺:

$$k_\eta = k_l^2 k_t^{-1} \tag{7-29}$$

③ 动力相似

动力相似是指模型和原型流动对应点处质点所受同名力的方向相同、大小呈同一比例。所谓同名力,指具有相同物理性质的力,如黏滞力 T、压力 P、重力 G、弹性力 E 等。如图 7-17 所示,设作用在模型与原型流动对应流体质点上的外力分别为 T_m、P_m、G_m 和 T_p、P_p、G_p,则有:

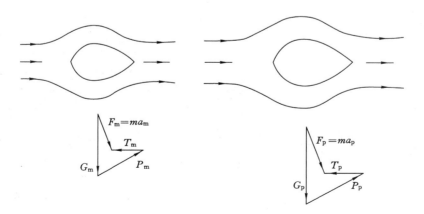

图 7-17　动力相似机理

$$\frac{T_{\mathrm{m}}}{T_{\mathrm{p}}} = \frac{P_{\mathrm{m}}}{P_{\mathrm{p}}} = \frac{G_{\mathrm{m}}}{G_{\mathrm{p}}} = \cdots = \frac{F_{\mathrm{m}}}{F_{\mathrm{p}}} = k_F \qquad (7\text{-}30)$$

式中，F 为流体质点所受的合外力，k_F 称为力的比尺。将 $F = ma = \rho V a$ 代入上式，可得：

$$k_F = \frac{F_{\mathrm{m}}}{F_{\mathrm{p}}} = \frac{m_{\mathrm{m}} a_{\mathrm{m}}}{m_{\mathrm{p}} a_{\mathrm{p}}} = \frac{\rho_{\mathrm{m}} V_{\mathrm{m}} a_{\mathrm{m}}}{\rho_{\mathrm{p}} V_{\mathrm{p}} a_{\mathrm{p}}} = k_\rho k_V k_a = k_\rho k_l^3 k_a \qquad (7\text{-}31)$$

由于 $k_a = k_l k_t^{-2}$，$k_v = k_l k_t^{-1}$，故有：

$$k_F = k_\rho k_l^2 k_v^2 \qquad (7\text{-}32)$$

同样，其他力学物理量的比尺也可以表示为密度比尺、长度比尺和速度比尺的不同组合形式。如：

压强比尺： $$k_p = \frac{k_F}{k_A} = k_\rho k_v^2 \qquad (7\text{-}33)$$

动力黏度比尺： $$k_\eta = k_\rho k_l k_v \qquad (7\text{-}34)$$

上述表明，要使模型与原型流动相似，两个流动必须满足几何相似、运动相似和动力相似，而动力相似又可以用相似准则（相似准数）的形式来表示，即：要使模型与原型流动相似，两个流动必须满足几何相似、运动相似和各相似准则。

（2）相似准则

根据几何相似、运动相似和动力相似的定义，得到长度比尺、速度比尺、力的比尺等，由力学基本定律，这些比尺之间具有一定的约束关系，这些约束关系称为相似准则。

① 雷诺相似准则

当流动受黏滞力 T 作用时，由动力相似条件，有：

$$\frac{T_{\mathrm{m}}}{T_{\mathrm{p}}} = \frac{F_{\mathrm{m}}}{F_{\mathrm{p}}} = k_F = k_\rho k_l^2 k_v^2 = \frac{\rho_{\mathrm{m}} l_{\mathrm{m}}^2 v_{\mathrm{m}}^2}{\rho_{\mathrm{p}} l_{\mathrm{p}}^2 v_{\mathrm{p}}^2} \qquad (7\text{-}35)$$

鉴于式（7-35）表示两个流动对应点上力的对比关系，而不是计算力的绝对量，所以式中的力可用运动的特征量表示，即黏滞力 $T = mA\dfrac{\mathrm{d}u}{\mathrm{d}y} \propto \mu l v$，则 $\dfrac{T_{\mathrm{m}}}{T_{\mathrm{p}}} = \dfrac{m_{\mathrm{m}} l_{\mathrm{m}} v_{\mathrm{m}}}{m_{\mathrm{p}} l_{\mathrm{p}} v_{\mathrm{p}}}$，代入上式整理得：

$$\frac{\rho_{\mathrm{m}} l_{\mathrm{m}}^2 v_{\mathrm{m}}^2}{m_{\mathrm{m}} l_{\mathrm{m}} v_{\mathrm{m}}} = \frac{\rho_{\mathrm{p}} l_{\mathrm{p}}^2 v_{\mathrm{p}}^2}{m_{\mathrm{p}} l_{\mathrm{p}} v_{\mathrm{p}}} \qquad (7\text{-}36)$$

约简后得：

$$\frac{v_{\mathrm{m}} l_{\mathrm{m}}}{n_{\mathrm{m}}} = \frac{v_{\mathrm{p}} l_{\mathrm{p}}}{n_{\mathrm{p}}} \qquad (7\text{-}37)$$

式中，$\dfrac{vl}{n}$ 为无量纲数，即前已介绍过的雷诺数 Re。式（7-37）可用雷诺数表示为：

$$Re_{\mathrm{m}} = Re_{\mathrm{p}} \qquad (7\text{-}38)$$

式（7-38）称为雷诺相似准则，该式表明两流动的黏滞力相似时，模型与原型流动的雷诺数相等。

作用在流体上的黏滞力、重力、压力等总是企图改变流体的运动状态，而惯性力却企图维持流体原有的运动状态，流体运动的变化就是惯性力与其他各种力相互作用的结果。根据达朗贝尔原理，流体惯性力 I 的大小等于流体的质量与加速度的乘积，方向与流体加速度方向相反，即：

$$I = -ma \qquad (7\text{-}39)$$

故惯性力与黏滞力之比为：

$$\frac{I}{T} = \frac{ma}{\mu a \frac{du}{dy}} = \frac{\rho V a}{\mu A \frac{du}{dy}} \propto \frac{\rho l^2 v^2}{\mu l v} = \frac{\rho v l}{\mu} = Re \tag{7-40}$$

由式(7-40)可见,雷诺数的物理意义在于它反映了流动中惯性力和黏滞力之比。

② 弗劳德相似准则

当流动受重力 G 作用时,由动力相似条件式(7-39)有:

$$\frac{G_m}{G_p} = \frac{F_m}{F_p} = \frac{\rho_m l_m^2 v_m^2}{\rho_p l_p^2 v_p^2} \tag{7-41}$$

式中,重力 $G = \rho g V \propto \rho g l^3$,则 $\frac{G_m}{G_p} = \frac{\rho_m g_m^2 v_m^3}{\rho_p g_p^2 v_p^3}$,代入上式整理得:

$$\frac{\rho_m l_m^2 v_m^2}{\rho_m g_m l_m^3} = \frac{\rho_p l_p^2 v_p^2}{\rho_p g_p l_p^3} \tag{7-42}$$

约简后得:

$$\frac{v_m^2}{g_m l_m} = \frac{v_p^2}{g_p l_p} \tag{7-43}$$

式中,$\frac{v^2}{gl}$ 为无量纲数,称为弗劳德数,以 Fr 表示,即:

$$Fr = \frac{v^2}{gl} \tag{7-44}$$

式(7-43)可用弗劳德数表示为:

$$Fr_m = Fr_p \tag{7-45}$$

式(7-45)称为弗劳德相似准则,该式表明两流动的重力相似时,模型与原型流动的弗劳德数相等。弗劳德数的物理意义在于它反映了流动中惯性力和重力之比。

由以上可以得出:

流速比尺:
$$\lambda_v = \frac{v_p}{v_m} = \sqrt{\frac{L_p}{L_m}} = \lambda_l^{0.5} \tag{7-46}$$

流量比尺:
$$\lambda_Q = \frac{Q_p}{Q_m} = \frac{A_p v_p}{A_m v_p} = \lambda_A \lambda_V = \lambda_l^2 \lambda_l^{0.5} = \lambda_l^{2.5} \tag{7-47}$$

时间比尺:
$$\lambda_t = \frac{\lambda_l}{\lambda_v} = \frac{\lambda_l}{\lambda_l^{0.5}} = \lambda_l^{0.5} \tag{7-48}$$

③ 欧拉相似准则

当流动受压力 P 作用时,由动力相似条件式(7-39),则有:

$$\frac{P_m}{P_p} = \frac{F_m}{F_p} = \frac{\rho_m l_m^2 v_m^2}{\rho_p l_p^2 v_p^2} \tag{7-49}$$

式中,压力 $P = pA \propto \mu p l^2$,则 $\frac{P_m}{P_p} = \frac{\rho_m l_m^2}{\rho_p l_p^2}$,代入上式整理得:

$$\frac{p_m l_m^2}{\rho_m l_m^2 v_m^2} = \frac{p_p l_p^2}{\rho_p l_p^2 v_p^2} \tag{7-50}$$

约简后得:

$$\frac{p_m}{\rho_m v_m^2} = \frac{p_p}{\rho_p v_p^2} \tag{7-51}$$

式中,$\frac{p}{rv^2}$ 为无量纲数,称为欧拉数,以 Eu 表示,即:

$$Eu = \frac{p}{rv^2} \tag{7-52}$$

在有压流动中,起作用的是压差 Δp,而不是压强的绝对值,所以欧拉数也可表示为:

$$Eu = \frac{\Delta p}{rv^2} \tag{7-53}$$

式(7-51)可用欧拉数表示为:

$$Eu_m = Eu_p \tag{7-54}$$

式(7-54)称为欧拉相似准则,该式表明两流动的压力相似时,模型与原型流动的欧拉数相等。欧拉数的物理意义在于它反映了流动中所受压力和惯性力之比。欧拉相似准则不是独立的准则,当雷诺相似准则和弗劳德相似准则得到满足时,欧拉相似准则将自动满足。

7.4.1.2 实验平台设计

为了简化实验,方便在实验室完成,视胶结充填料浆输送主要以重力为主。所以,符合弗劳德相似准则。根据矿山采空区实际,设定模型与实际尺寸比例尺为 $1:20$,设计水槽的长为 2 400 mm、宽为 300 mm、高为 900 mm,如图 7-18 所示。根据弗劳德相似准则中式(7-46)、式(7-47)、式(7-48)可知:

流速比尺: $\lambda_v = \dfrac{v_p}{v_m} = \sqrt{\dfrac{L_p}{L_m}} = \lambda_l^{0.5} = 20^{0.5} = 4.5$

流量比尺: $\lambda_Q = \dfrac{Q_p}{Q_m} = \dfrac{A_p v_p}{A_m v_p} = \lambda_A^2 \lambda_V = \lambda_l^2 \lambda_l^{0.5} = \lambda_l^{0.25} = 20^{2.5} = 1\ 800$

时间比尺: $\lambda_t = \dfrac{\lambda_l}{\lambda_v} = \lambda_l^{0.5} = 4.5$

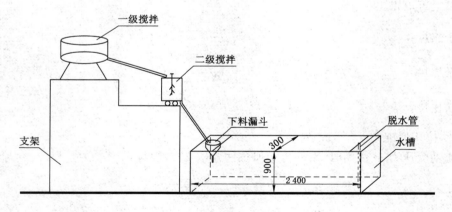

图 7-18　胶结充填料浆流动沉降物理实验平台

根据矿山实际充填动力参数,可以得出水槽实验相应的动力参数:

$$v = \frac{3\ \text{m/s}}{4.5} = 0.7\ \text{m/s}$$

$$Q = \frac{2 \times 10^3\ \text{L/min}}{1\ 800} = 1.2\ \text{L/min}$$

7.4.2　实验材料及实验设计

7.4.2.1　实验材料基础参数测试与分析

充填材料基础参数测试主要包括全尾砂物理特性（体积密度、密度、孔隙率）、全尾砂化学组成、全尾砂粒级组成。

（1）密度、体积密度和孔隙率

尾砂密度及体积密度分别采用比重瓶法及堆积法测定，最后按下式计算孔隙率：

$$\upsilon = \left(1 - \frac{\rho'}{\rho}\right) \times 100\% \tag{7-55}$$

式中　υ——尾砂孔隙率，%；

ρ'——尾砂体积密度，g/cm^3；

ρ——尾砂密度，g/cm^3。

实验结果见表 7-3。

表 7-3　　　　　　　　　　　　实验用全尾砂物性参数

材料名称	密度/(g/cm³)	体积密度/(g/cm³)	孔隙率/%
全尾砂	2.75	1.62	41.09

（2）全尾砂化学元素分析

实验前测定了尾砂的主要化学成分，并通过 XRD 衍射物相分析了尾砂的主要矿物组成及产出特征。

表 7-4　　　　　　　　　　　　实验用全尾砂化学组成

成分	Cu	Cr	Pb	Zn	Fe	Mn	P	As
含量/%	0.064	0.005	0.038	0.22	17.61	0.46	0.088	0.13
成分	S	C	SiO₂	Al₂O₃	CaO	MgO	Na₂O	K₂O
含量/%	3.73	1.97	38.59	6.76	10.24	8.84	0.34	1.81

从表 7-4 可以看出，尾砂中金属元素及其氧化物 Fe、CaO、Al_2O_3、MgO 含量较高，分别为 17.61%、10.24%、6.76%、8.84%，其他金属元素含量较低。尾砂中非金属元素及其氧化物主要有 SiO_2、S、C，含量分别为 38.59%、3.73%、1.97%，尾砂中硫及硫化物含量较低，对充填体影响较小。

（3）全尾砂粒级组成

粒级组成分析用于测定尾砂颗粒组成尺寸及含量。传统的方法为筛分法和水析法。随着现代新兴科技的发展，使激光和微电子技术应用到粒度测量领域，产生了先进的激光粒度分析技术，它利用激光粒度分析仪，根据激光与颗粒之间相互作用的光散射原理（Fraunhofer 衍射理论和 Mie 光散射理论等），得到激光探测到的颗粒粒径及其分布。该方法减轻了劳动强度，提高了样品检测速度及测试精准度，测试分析结果如图 7-19 和表 7-5 所示。

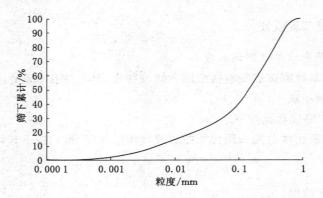

图 7-19 全尾砂粒级分布图

表 7-5 实验全尾砂激光粒度分析结果

粒径/μm	筛下分计/%	筛下累计/%	粒径/μm	筛下分计/%	筛下累计/%	粒径/μm	筛下分计/%	筛下累计/%
1.0	3.47	3.47	20	4.52	40.84	200	5.03	82.32
1.5	2.12	5.59	25	3.48	44.32	250	3.57	85.89
2.0	1.96	7.55	30	2.87	47.19	300	2.79	88.68
3.0	3.97	11.52	32	1.02	48.21	310	0.50	89.18
4.0	3.74	15.26	35	1.44	49.65	320	0.48	89.66
5.0	3.31	18.57	40	2.20	51.85	350	1.35	91.01
6.0	2.89	21.46	41	0.41	52.26	400	1.97	92.98
7.0	2.50	23.96	42	0.41	52.67	450	1.66	94.64
8.0	2.19	26.15	43	0.39	53.06	500	1.38	96.02
8.5	0.99	27.14	44	0.40	53.46	550	1.13	97.15
8.7	0.38	27.52	45	0.38	53.84	600	0.89	98.04
8.9	0.37	27.89	50	1.85	55.69	650	0.67	98.71
9.0	0.19	28.08	60	3.36	59.05	700	0.51	99.22
9.5	0.88	28.96	70	2.99	62.04	750	0.37	99.59
10.0	0.84	29.80	80	2.69	64.73	800	0.22	99.81
11.0	1.54	31.34	90	2.41	67.14	850	0.09	99.90
13.0	2.70	31.04	100	2.16	69.30	900	0.07	99.97
15.0	2.28	36.32	150	7.99	77.29	950	0.03	100.00

从表 7-5 可看出，尾砂 d_{10} 为 2.615 μm，d_{50} 为 35.760 μm，d_{90} 为 327.766 μm。尾砂粒级组成不均匀系数为 22.94，不均匀系数过大，全尾砂自然级配属于不连续级配，中间粒径所占比例较少，属于相对缺失。

7.4.2.2　实验方案设计

（1）按要求制备实验充填浆体材料，用实验浆体制成充填体试件，测定充填体试件单轴抗压强度大小。

（2）按要求制备充填模型实验所需充填浆体材料，实验在水槽实验平台上完成，经过二级搅拌的充填浆体经过下料漏斗输送至水槽将水槽充填满。待充填浆体脱水固化后养护14 d。实验分为 A 和 B 两组，分别对应不同的下料口位置，A 组实验对应的下料口位置在采空区左中心处，B 组实验对应下料口位置在采空区正中心处，其位置分布如图 7-20 所示，A、B 两组胶结充填料浆配比情况见表 7-6。待两组实验完成后，分别取样测试，测试内容包括：① 采空区不同位置充填体表面高度值；② 采空区不同位置充填体粗、细颗粒质量浓度分布情况；③ 采空区不同位置充填体强度分布情况。

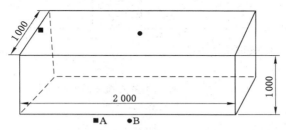

图 7-20　充填浆体流动沉降实验方案

表 7-6　　　　　　　　　　　　A、B 两组胶结充填料浆配比情况

编号	浓度/%	砂灰比	浇注高度/cm
A	76	4	40
B	76	10	40

通过实验测定内容分析采空区充填浆体流动沉降规律、颗粒浓度分布特征及对充填体强度分布的影响。

7.5　实验结果与分析

7.5.1　相似理论及实验平台设计

在采空区浆体充填过程中，经过流动沉降作用，充填浆体脱水固化后会形成充填体的几何机构。A、B 两组实验充填后脱水固化，测定其沿流向上充填体高度值，结果如图 7-21 所示，图 7-21(a)表示 A 组实验，即充填下料口在采空区左边界位置，图 7-21(b)表示 B 组实验，即充填下料口在采空区中心位置。

从图 7-21 可以看出，在 A 组实验中，最小沉降值 5 mm，在下料口下方附近，最大沉降值 38 mm，发生在离下料口最远端位置（流向 2 m）。下料口远端的沉降量明显大于近端，这是由于充填料浆流动沉降过程中，颗粒越大其沉降越快，颗粒越小沉降越慢，另外，大颗粒在横向流动过程中受到的阻力越大，在横向的运动距离越小。这样形成了在近端大颗粒分布多、小颗粒分布少，在远端大颗粒分布少、小颗粒分布多的现象。在 B 组实验中，最小沉降值 5 mm,在下料口附近位置,最大沉降值 22 mm,在离下料口最远端位置(流向 1 m)。当下料口移到充填区中间位置时,在下料口附近,沉降量较小,离下料口越远,沉降量越大,整体平均沉降比 A 组实验小,沉降相对更均匀。

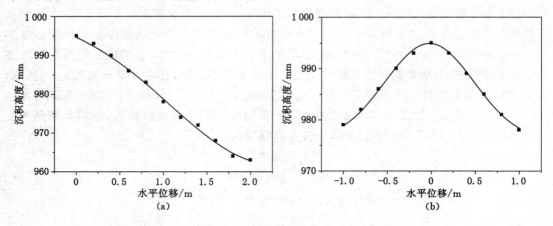

图 7-21　流向上的充填体高度变化

(a) 实验 A;(b) 实验 B

为检验充填体沉降几何模型的准确性[式(6-4)],采用预测与实测的方式进行数据对比,其结果如图 7-22 所示。通过图7-22的对比分析发现,预测值和实测值基本吻合,说明该预测模型可以有效地用于充填浆体流动沉降几何结构预测。

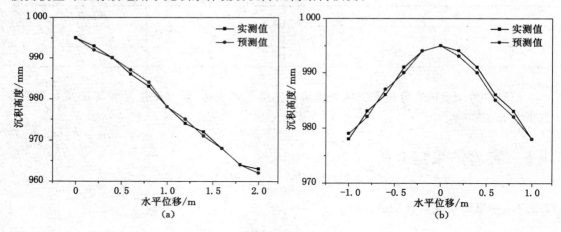

图 7-22　流向上的充填体高度对比

(a) 实验 A;(b) 实验 B

7.5.2　充填体颗粒浓度分布特征

在采空区浆体充填过程中,经过流动沉降作用,充填浆体脱水固化后形成的充填体中粗细颗粒质量浓度较之标准配比浆体中粗细颗粒质量浓度有了明显变化,其沿流动方向及沉降方向粗细颗粒质量浓度的变化规律主要受充填条件及流动沉降作用影响。所以该部分研究采空区充填体沿流向及沉降方向(竖直方向)粗、细颗粒质量浓度分布规律,在本实验中,粗颗粒主要是棒磨砂颗粒,细颗粒主要是尾砂颗粒(包含少量水泥)。

(1) 流动方向充填体颗粒浓度分布规律

在 A、B 两组充填实验过程中,充填完成脱水固化、养护 14 d 后沿流向、沉降方向按平均间隔取样,对试样进行粒径分析及质量浓度测定。沿流向的颗粒质量浓度分布如图 7-23 所示,图 7-23(a)、(b)分别表示 A 组实验中粗颗粒(棒磨砂)、细颗粒(尾砂)浓度分布,图 7-23(c)、(d)分别表示 B 组实验粗颗粒、细颗粒浓度分布。在流动方向,随着离下料口距离增加,粗颗粒浓度降低,细颗粒浓度增加,这是由于颗粒在流动沉降过程中,粗颗粒沉降速度较快,容易在下料口近端位置积聚,细颗粒质量较小,由于离析作用容易被带到远端。从图 7-23 得知,A 组实验中,在离下料口最远端的顶部位置,细颗粒浓度最大,为 71%,粗颗粒质量浓度最小,为 29%;在下料口正下方底部位置,粗颗粒质量浓度最大,为 54%,细颗粒质量浓度最小,为 46%。在 B 组实验中,在离下料口最远端的顶部位置,细颗粒浓度最大,为 71%,粗颗粒质量浓度最小,为 29%;在下料口正下方底部位置,粗颗粒质量浓度最大,为 52%,细颗粒质量浓度最小,为 48%。

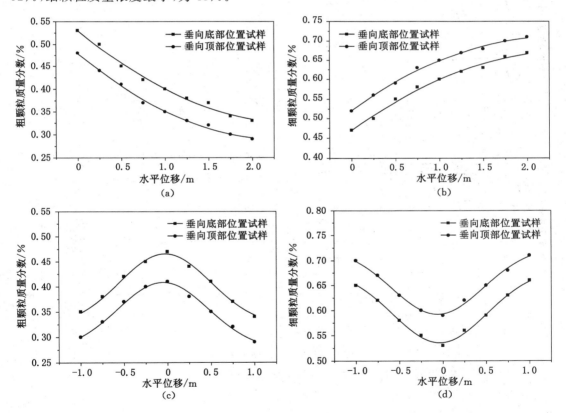

图 7-23　流向上的颗粒浓度分布

(a) 实验 A 粗颗粒;(b) 实验 A 细颗粒;(c) 实验 B 粗颗粒;(d) 实验 B 细颗粒

分析图 7-23 可知,充填体颗粒质量浓度沿流向的分布基本符合正态分布规律,其表达式可表示为:

$$C = C_0 + A_0 e^{-\frac{(l-l_0)^2}{2w_0^2}}$$

(7-56)

式中，C 表示颗粒质量浓度；l 表示在流向上离下料口的距离，向右为正，向左为负；C_0，A_0，l_0，W_0 为有关的常数，这些常数主要受充填浆体成分配比、采空区充填区域、充填入口位置等因素的影响。

(2) 沉降方向充填体颗粒浓度分布规律

充填体颗粒浓度沿沉降方向（竖直方向）的分布如图 7-24 所示，图 7-24(a)、(b) 分别表示 A 组实验中粗颗粒（棒磨砂）、细颗粒（尾砂）浓度分布，图 7-24(c)、(d) 分别表示 B 组实验粗颗粒、细颗粒浓度分布。由于沉降作用，在竖直方向，底部粗颗粒浓度较大，细颗粒浓度较小，随着高度增加，粗颗粒浓度减小，细颗粒浓度增大。经过分析发现在沉降方向，颗粒质量浓度沿沉降方向呈现线性变化规律，即随高度增加，粗颗粒质量浓度线性降低，细颗粒质量浓度线性增加。

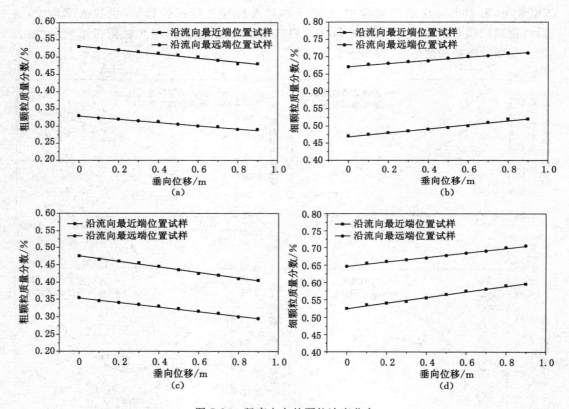

图 7-24　竖直方向的颗粒浓度分布

(a) 实验 A 粗颗粒；(b) 实验 A 细颗粒；(c) 实验 B 粗颗粒；(d) 实验 B 细颗粒

7.5.3　充填体强度分布不均性

在采空区浆体充填过程中，经过流动沉降作用，充填浆体脱水固化后形成的充填体中粗细颗粒质量浓度较之标准配比浆体中粗细颗粒质量浓度有了明显变化，其沿流动方向及沉降方向粗细颗粒质量浓度的变化规律在 4.2 节中讨论过。充填体在连接方式相同条件下，强度主要受其组成颗粒级配比例影响，在粗细颗粒组成条件下，主要受粗细颗粒质量浓度影响。所以该部分研究采空区充填体沿流向及高度方向强度变化规律及采空区整体充填效果。

（1）充填体沿流向强度分布

在 A、B 两组充填实验过程中,充填完成脱水固化、养护 14 d 后沿流向、沉降方向按平均间隔取样,测定试样的单轴抗压强度。得到充填体沿流向的强度分布结果如图 7-25 所示,图 7-25(a)表示 A 组实验,即充填下料口在采空区左边界位置,图 7-25(b)表示 B 组实验,即充填下料口在采空区中心位置。从图 7-25 可以得知,不同高度方向,充填体强度沿流动方向的变化趋势相同,离下料口越近,充填体强度越大,随着离下料口的距离增加,充填体强度不断降低。经过分析拟合发现,充填体强度在流向上的分布基本符合正态分布曲线,强度在充填入口位置处最大,离充填入口位置越远,强度越小。充填体强度分布的这种不均匀性,主要受充填沉降过程中颗粒浓度重新分布的影响,在下料口近端,粗粒径颗粒分布较多,其强度较大,离下料口远端,细颗粒分布较多,其强度较小。从图 7-25 可以看出,A 组实验下料口正下方底部位置充填体强度最大,其值为 2.34 MPa,下料口正下方顶部位置充填体强度为 1.68 MPa;离下料口流向 2 m 的顶部位置充填体强度最小,其值为 1.12 MPa,离下料口 2 m 的底部位置充填体强度为 1.68 MPa。B 组实验下料口正下方底部位置充填体强度最大,其值为 2.3 MPa,下料口正下方顶部位置充填体强度为 1.9 MPa;离下料口流向 1 m 的顶部位置充填体强度最小,其值为 1.52 MPa,离下料口 2 m 的底部位置充填体强度为 1.86 MPa。对比 A、B 两组实验得知,下料口位置不一样,强度在高度方向的差值不同,A 组实验约为 0.66 MPa,B 组实验约为 0.4 MPa,两组实验的强度极差分别为 1.22 MPa、0.78 MPa,说明 B 组实验强度分布的均匀性要比 A 组实验强度分布的均匀性好。充填体强度在流向 x 方向的强度分布可以表示为式(7-57):

$$\sigma_c = \sigma_0 + a_0 \mathrm{e}^{-\frac{(x-x_0)^2}{2w_0^2}} \tag{7-57}$$

式中,σ_c 表示充填体强度;x 表示沿流向的距离;σ_0,a_0,x_0,w_0 为有关的常数,这些常数主要受充填浆体成分配比、采空区充填区域、充填入口位置等因素的影响。

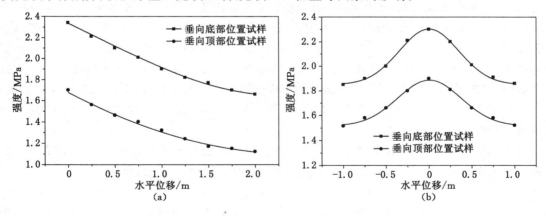

图 7-25　充填体沿流向的强度分布

(a) 实验 A；(b) 实验 B

（2）充填体沿沉降方向强度分布

充填体强度沿沉降方向(竖直方向)的分布如图 7-26 所示,图 7-26(a)表示 A 组实验,即充填下料口在采空区左边界位置,图 7-26(b)表示 B 组实验,即充填下料口在采空区中心位置。沿充填体沉降方向,充填体强度随高度增加而减小,在充填区底部充填体强度最大,顶部最小,这是由于充填浆体在沉降作用下,底部粗颗粒分布多、细颗粒分布较少,充填料浆强度较大,顶部细颗粒分布较多、粗颗粒分布较少,其充填料浆强度较小。经过分析发现在沉降方向,充填体强度沿沉降方向呈现线性变化规律,即随高度增加,强度线性降低。

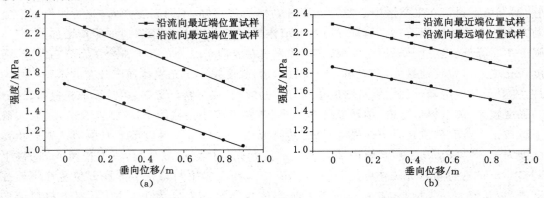

图 7-26　充填体沉降方向的强度分布
(a) 实验 A;(b) 实验 B

7.5.4　采空区充填效果评价

在充填开采中,充填质量是一直受到关注的问题,因此对充填完成后的效果分析尤为重要,充填体强度是影响充填效果的重要因素,可以通过分析充填体强度来反映充填效果。首先应该根据实际矿山采空区围岩应力分布情况确定需要的充填体标准强度 σ_{c0},采空区充填体强度大于标准强度的区域称为强度增强区,小于标准强度的区域称为强度损失区。A、B两组实验的充填浆体脱水固化制得的标准试件强度为 1.7 MPa,即充填体标准强度为 1.7 MPa,A 组实验沿流动沉降方向的强度分布如图 7-27 所示,强度标准线左下方区域为强度增强区,强度标准线右上方区域为强度损失区,当充填入口位置在左边界位置时,充填体强度增强区范围相对较小,其强度损伤区范围较大。B 组实验沿流动沉降方向的强度分布如图 7-28 所示,强度标准线以下区域为强度增强区,强度标准线以上区域为强度损伤区,从图中可以看出,只有边界两个上角的很小的区域为强度损伤区,强度损伤区越小,说明充填效果越好。

在充填过程中,有些位置强度稍低于标准强度也不会影响充填效果,为此引进有效系数 K 来定义有效强度,K 一般取 0.6～1.0,则有效强度计算如式(7-58)所示:

$$\sigma_K = K\sigma_{c0} \tag{7-58}$$

则在充填区中,将小于失效强度的区域定义为失效区域,采空区充填区域若有失效区域即认为充填未达到要求。例如,在上面的 A、B 两组实验中,若取有效系数为 0.8,则有效强度为 1.36 MPa,那么从图 7-28 可以看到 B 组实验中不存在强度失效区域,认为其充填效果达到了要求;从图 7-27 可以看到 A 组实验在离下料口最远端位置的顶部存在一个小的强度失效区域,认为其充填效果需要改善。

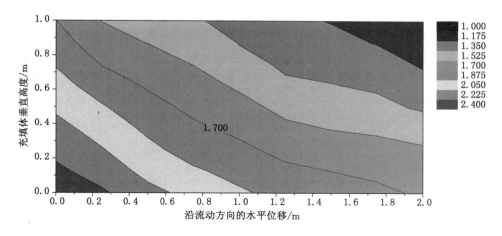

图 7-27　A 组实验强度分布(单位:MPa)

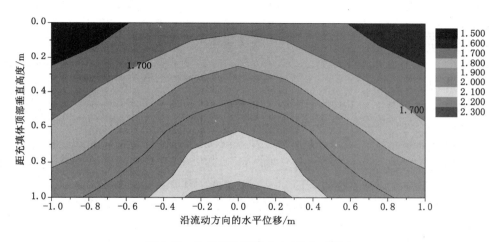

图 7-28　B 组实验强度分布(单位:MPa)

7.6　本 章 小 结

通过前面的沉降理论分析及相似实验结果分析,可以得到如下结论:

(1)充填料浆在流动沉降过程中,不同粒径颗粒浓度分布不均匀,粗粒径颗粒在流动沉降过程中,其沉降速度大,相对运动时间短,表现为在下料口附近颗粒浓度较大,离下料口位置越远,颗粒浓度越小。细颗粒沉降速度小,相对运动时间长,表现为在下料口附近颗粒浓度较小,离下料口位置越远,颗粒浓度越大。颗粒浓度在竖直方向由于沉降作用,表现为底部粗颗粒浓度较大、细颗粒浓度较小,在顶部粗颗粒浓度较小、细颗粒浓度较大。颗粒浓度在流向上呈正态分布规律,在沉降方向上呈线性分布规律。

(2)由于充填料浆流动沉降过程中,不同粒径颗粒浓度分布的不均匀性,导致充填料浆充填区最终沉降值不均匀,表现为离下料口位置越近,沉降值越小,离下料口位置越远,其沉降值越大。充填体高度沿流向呈正态分布规律,与预测的几何模型较吻合。

（3）充填料浆流动沉降过程中，不同颗粒浓度分布的不均匀性，影响充填区充填料浆强度，表现为粗颗粒含量大，充填料浆强度越大，细颗粒含量大，充填料浆强度越小。

（4）在采空区充填区域存在强度增强区和强度损失区，充填位置不同，其强度增强区、强度损失区范围不一样，充填位置位于采空区中心时，其强度增强区较大，强度损失区较小，强度分布的均匀性更好。提出了采空区充填体强度评价方法，认为只要该区域充填体强度大于规定的有效强度，即认为充填达到标准要求。

参 考 文 献

［1］于润沧.我国胶结充填工艺发展的技术创新［J］.中国矿山工程，2010，39(5)：1-3.

［2］史铁钧，吴德峰.高分子流变学基础［M］.北京：化学工业出版社，2009.

［3］Julia Maldonado-Valderrama，Juan M Rodríguez Patino. Interfacial rheology of protein-surfactant mixtures［J］. Current Opinion in Colloid & Interface Science，2010(150)：271-282.

［4］Fainerman V B，Lucassen-Reynders E H，Miller R. Description of the adsorption behaviour of proteins at water/fluid interfaces in the framework of a two-dimensional solution model［J］. Adv. Colloid Interface Sci. ，2003(106)：237-59.

［5］Bos M A，van Vliet T. Interfacial rheological properties of adsorbed protein layers and surfactants：a review［J］. Advances Colloid Interface Sci. ，2001(91)：437-71.

［6］Wilde P，Mackie A，Husband F，et al. Proteins and emulsifiers at liquid interfaces［J］. Adv. Colloid Interface Sci. ，2004：108-109.

［7］卢晓江.假塑性流体的本构方程［J］.天津轻工业学院学报，1991(2)：63-67.

［8］陈忠熙，赵奎，许杨东，等.某矿高浓度全尾砂料浆絮凝沉降特性试验研究［J］.有色金属科学与工程，2015，6(3)：88-93.

［9］杨建，王新民，张钦礼，等.含硫高黏性三相流态充填浆体管道输送性能［J］.中国有色金属学报，2015，25(4)：1049-1055.

［10］赵国彦，林春平，洪昌寿.垂直管道颗粒沉降速度的影响因素［J］.科技导报，2016，34(2)：162-166.

［11］周爱民.基于工业生态学的矿山充填模式与技术［D］.长沙：中南大学，2004.

［12］魏亚兴，吴超.近十年我国安全系统工程学发展研究综述［J］.中国安全生产科学技术，2011，7(6)：162-165.

［13］肖卫国.深井充填技术的研究［D］.长沙：中南大学，2003.

［14］Farsangip，Haraa. Consolidated rockfill design and quality control at Kidd Creek Mines［J］. CIM Bulletin，1993，86(972)：68-74.

［15］于学馥，刘同有.金川的充填机理与采矿理论［M］.北京：冶金工业出版社，1996.

［16］Clark I H.尾砂胶结充填的评价［R］.南非矿业协会研究中心，中国矿业协会采矿专业委员会，中国有色金属学会采矿学术委员会，金川有色金属公司，长沙矿山研究院，1998.

［17］王新民，肖卫国.金川矿山膏体充填料浆流变性能的研究［J］.矿业工程，2002，3(4)：

12-15.

[18] 蔡嗣经. 矿山充填力学基础[M]. 北京：冶金工业出版社，2009.

[19] ASTM. C143/C 143M-97Standard Test Method for Slump of Hydraulic-Cement Concret：Concrete and Aggregates[S]. ASTM，1998，4(2)：89-91.

[20] 马英芳. 现代充填理论基础[D]. 西安：西安冶金建筑学院，1988.

[21] Bartos P J M，Sonebi M，Tamimi A K. Workability and Rheology of Fresh Concrete：Compendium of Tests[M]. Cachan Cedex：Publications S. A. R. L. ，2002.

第 8 章 主 要 结 论

胶结充填作为突破传统充填技术屏障、实现矿床安全清洁高效开采的重要技术载体，其料浆的流变行为、运动力学及流动沉降规律等成为研究高浓度胶结充填技术的理论基础。本研究在借鉴流体力学、泥沙运动学、沉降学、润滑力学等研究成果基础上，以固-液两相流理论为基础，定量地描述胶结充填料浆的流动速度、沉降几何结构、充填体不均匀性等，并构建胶结充填料浆运动力学模型，为研究胶结充填料浆流动沉降规律及接顶效果评价提供理论基础；构建基于坍落度与流体力学的胶结充填料浆流变本构关系模型，探讨胶结充填料浆流变行为与充填效果、配比参数及时间尺度的相关性；设计集实验、数据采集、监测、反馈和显示于一体的胶结充填料浆流动沉降特性实验平台，直观地反映胶结充填料浆在流动沉降过程中的流动特性、分层特征及沉降规律等，进而研究充填体的形成机理及其不均匀特性（粒度分布、强度、水泥含量分布等）。通过该课题的研究，可以为胶结充填系统设计提供一定的理论指导。本研究取得的主要结论如下：

（1）系统地阐述了胶结充填在地下矿山的设计和应用现状，从充填材料、工艺和技术等方面展开分析。胶结充填配比设计与优化是充填体强度设计的重要支撑，在开展回采充填工作之前，必须确定充填材料的流变特性，选择胶结充填行为的流变模型，通过实验手段获取充填体相关参数；在符合胶结充填料浆输送条件的前提下，尽量选用自流输送。胶结充填技术能够有效解决常规充填技术的缺陷，在充填采矿矿山中得到了广泛的应用。

（2）根据矿山胶结充填实践，制定最优的配比参数选择原则，选择以胶结充填料浆质量浓度、砂灰比、水泥耗量和棒磨砂全尾砂质量比为主要配比参数，以胶结充填料浆流动性、充填体强度和成本为优化目标。构建基于正交实验设计、均匀实验设计和配方实验设计的胶结充填材料配比优选方法，系统地分析了各种实验设计原理和步骤，确定适合胶结充填配比参数的回归方程，通过实验验证，模型预测值与实测值基本吻合。

（3）确定胶结充填料浆配比选择原则，以胶结充填料浆质量浓度、砂灰比、水泥耗量和棒磨砂全尾砂质量比为主要配比参数，以胶结充填料浆流动性、充填体强度和成本为优化目标。建立基于正交实验设计、均匀实验设计和配方实验设计的胶结充填料浆配比优选模型，结合实验和现场测试，优选结果与矿山充填实践一致。研究表明：随着胶结充填料浆质量浓度、水泥耗量和棒磨砂尾砂比增加，坍落度范围在 250～300 mm，满足胶结充填料浆坍落度大于 180 mm 的要求；增加棒磨砂有助于胶结充填料浆流动，当棒磨砂尾砂质量比为 0.75 时，胶结充填料浆具有良好的流动性；随着水泥耗量的增加，有利于降低水力坡度，从而减小输送阻力损失；水泥不仅可以作为胶凝剂，也可以在输送过程中起到润滑作用；既有利于胶结充填料浆固结，增加胶结充填料浆的强度，又有利于胶结充填料浆输送，降低阻力损失等。

（4）对充填管道内部液-固两相流进行可视化检测，引入电阻层析成像技术对多相流的电导率分布进行反演成像。通过正交实验设计，分析废石尾砂胶结充填料浆浓度、粒径、废石尾砂比对充填浆体电导率的影响。根据实验结果,采用有限元方法建立 16 电极 ERT 传感器模型,以检测灵敏度为媒介,对 ERT"软场"特性进行深入研究。分析了废石所在位置对 ERT 检测灵敏度的影响。采用线性反投影算法,对正交实验的 9 组流形进行反演成像,实验结果表明重建图像可以准确地反映废石在检测平面所处位置。

(5)利用流体力学原理,通过 L 形管道自流输送实验对其在管道中流动的力学特性进行了分析。结果表明:浓度、单位时间流量、管径对料浆管输阻力和充填倍线大小的作用程度不同,其中浓度影响尤为显著。在能够实现自流输送的充填倍线合理的条件下,采场充填时当结合充填能力确定流量和管径后,可通过调节充填站制浆浓度以使充填材料在管道输送、采场中沉降、抗离析、脱排水、固结硬化、力学性能等方面表现良好。研究可为后继的采充实践提供技术支持,同时也可为相关或类似研究提供参考。

(6)建立基于锥形坍落度和柱形坍落度的胶结充填料浆流变参数模型,并通过实验分析两种模型的坍落度与流变参数的相关性。结果表明:柱形坍落度实验和模型更能准确测定高浓度胶结充填料浆的流变参数;同时,柱形坍落度模型在数学公式表现形式上比锥形坍落度模型更为简单,这个特点对于一些数学基础较弱的矿山工作者尤为重要;由于锥形坍落筒几何结构较柱形坍落筒更为复杂,在锥形坍落度实验过程中难于填料,并且会在填料过程中形成许多气泡,这将势必影响坍落度实验结果;应用锥形坍落筒做实验时,胶结充填料浆坍落后的形状不连续,尤其是做高屈服应力的胶结充填料浆坍落度实验时较明显;柱形坍落筒的设计与制备比锥形坍落筒更为简单,取材方便,柱形坍落筒可以选择一个任意的圆柱空心管,而锥形坍落筒必须是按照一定的尺寸设计加工完成。

(7)建立基于主成分分析法与 BP 网络相结合的胶结充填料浆流变参数预测模型,首先采用主成分分析法对输入数据预处理,减少网络输入因子数,同时使输入因子彼此不相关,并且数据包括的主要信息还保留在主成分中。简化了网络结构,提高了网络学习速度,得到了较高的精度,大大提高了建模质量;并将 SPSS 统计软件引入胶结充填设计与统计中,应用 SPSS 统计软件包能增强应用统计学理论和方法分析、解决矿山管理与科研实际问题的能力。结果表明:经过主成分提取后的 BP 预测值与期望输出值之间的误差都控制在 5% 以内;同时,通过与未经主成分提取的 BP 预测值和期望输出值之间误差对比,其预测精度有了明显的提高。

(8)根据润滑理论与沉积理论,构建胶结充填料浆流动沉降几何结构预测模型,并通过实验检验,预测结果与实测结果基本一致,这说明该模型可以用于预测胶结充填料浆在采空区流动沉降几何形状,进而指导充填施工;建立基于相似理论的胶结充填料浆流动沉降物理实验平台——水槽,研究了胶结充填料浆在流动沉降过程中所表现出来的粒径分布和充填体强度分布不均匀性等特点,为充填实践提供一定的理论指导。